武夷三十六茗

辛丑春日彦清敬题

曾章团 编著

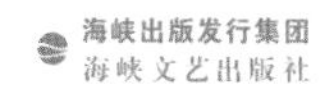
海峡出版发行集团
海峡文艺出版社

图书在版编目（CIP）数据

武夷三十六茗 / 曾章团编著．—福州：海峡文艺出版社，2021.9

ISBN 978-7-5550-2591-7

Ⅰ．①武… Ⅱ．①曾… Ⅲ．①武夷山－茶叶－普及读物 Ⅳ．① TS272.5-49

中国版本图书馆 CIP 数据核字（2021）第 050824 号

武夷三十六茗

曾章团 编著

出 版 人 林 滨
责任编辑 蓝铃松
助理编辑 刘含章
出版发行 海峡文艺出版社
经 销 福建新华发行（集团）有限责任公司
社 址 福州市东水路 76 号 14 层 邮编 350001
发 行 部 0591-87536797
印 刷 福州力人彩印有限公司 邮编 350012
厂 址 福州市晋安区新店镇健康村西庄 580 号 9 栋
开 本 787 毫米 × 1092 毫米 1/32
字 数 100 千字
印 张 8.5
版 次 2021 年 9 月第 1 版
印 次 2021 年 9 月第 1 次印刷
书 号 ISBN 978-7-5550-2591-7
定 价 78.00 元

序

曹鹏

这是一本有浓厚的感情色彩的茶书，也是一本有个性的茶书。

曾章团先生先后主持《海峡茶道》杂志与《福建文学》杂志笔政，兼具茶文化与纯文学专业背景，作为福建人，热爱家乡，热爱茶文化，写茶书尽得天时地利人和。他对武夷岩茶如数家珍，既对武夷茶史进行了深入的梳理，又对武夷茶的现实情况了如指掌。据吴觉农先生主编的《茶经述评》记载，武夷茶品名多至数百种，至今有名有姓的茶有300多种，曾章团先生选择了36个有代表性的品种进行个性化品鉴解读，引领读者感受武夷岩茶的博大精深。

近些年茶书出版呈现出日益细分的趋势，坊间以名茶的各个产地甚至具体到村寨乃至山头为题材的图书层出不穷，这也是茶业市场与茶文化繁荣发展的结果。《武夷三十六茗》就是一个典型范例。

茶之有书，始于中国。专写某一地区的茶书，就我所知始于宋代宋子安《东溪试茶录》与宋代熊蕃撰、熊克增补《宣和北苑贡茶录》以及宋代赵汝砺《北苑别录》，三书的主角都是福建茶。此外，宋代蔡襄《茶录》与宋代黄儒《品茶要录》也都提到了福建茶，可见在中国茶文化历史上，福建茶占有多么崇高的地位。宋代苏轼的拟人笔法写茶名篇《叶嘉传》开头便是："叶嘉，闽人也，其先处上谷，曾祖茂先，养高不仕，好游名山，至武夷，悦之，遂家焉。"结尾处说："天下叶氏虽夥，然风味德馨，为世所贵，皆不及闽。"对闽茶尤其是武夷茶极尽赞美之辞。可以说，武夷茶在宋代已经达到了独步天下举世瞩目的高度。

福建茶文化历史的底蕴深厚，这样的土壤有利于萌生茶书新著。

《武夷三十六茗》既是一本茶书，也是一

本散文作品，文字风格没有浮华虚饰，结结实实，朴素干净利落而有美感。

曾章团先生与我最早都是报人出身，2005年他筹备创办了《海峡茶道》杂志（现改为《茶道》），约我开设专栏“闲闲堂茶话”，连载两年，后来结集为《闲闲堂茶话》出版，迄今再版多次，曾兄与我可谓于茶于书于文皆有缘。

现在《武夷三十六茗》即将面世，曾兄令我撰序，情意难却，拜读之后，草成此篇就教于读者。

2021年1月28日于北京闲闲堂

（曹鹏，博士，学者、画家，在茶文化、美术、收藏、文学批评等诸多领域均有建树。出版著作《闲闲堂茶话》《大师谈艺录》《名家意匠——中国当代美术批评》《徐邦达说书画》等二十余部。）

岩岩竞秀

茶是福建的名片，我庆幸自己是福建人。缘分让我在2005年筹备创办了《海峡茶道》杂志（现改为《茶道》），也因此有幸爱上了武夷岩茶，现在想来这还真是件幸福的烦恼。

武夷山素有“茶叶王国”的美誉，据统计，这里有名有姓的茶叶就有300多种，而在民国时期，著名的茶叶专家林馥泉仅搜集到的慧苑岩茶树花名就有素心兰、瓜子金、正太阳等280余种。要喝懂每个品种，真是极为困难的大事。

武夷三十六峰，九十九岩，岩岩有茶，每一株茶树，每一片茶叶，都经历了不同的风雨，凝聚着时间的故事。就像慧苑老枞水仙，慧苑坑日照短，雾气浓厚，老枞长在慧苑谷壑的底部，常年受雨水的滋润，雨季还受小洪水的浸泡，它的根茎粗大而壮硕，上面还密布了苔藓。喝老枞水仙，有木质香、青苔味，喝的已经不是茶了，是年轮，是岁月。

武夷岩茶可以说是武夷山水的馈赠，更是武夷茶人天人合物智慧的结晶。对武夷茶的品种，茶人们除了味蕾上感知，也在寻找那些动听的传说故事，以及每株茶树独自的成长史。

我试图用历史故事与民间传说来描述这些有灵性的草本，并用现代诗去挖掘和彰显武夷茶树的性情及精神，试图抵达茶与人的相通之处。而每一品种茶的灵魂，已包裹在做青、炒青、揉捻、焙火等手工制作之后的干茶中，等待着有缘之人用沸水把它层层解开。这“灵魂的茶汤”，正期待着大家去玩味。

尽管武夷岩茶品种多且难辨，我还是选取了36种较有代表性，在武夷岩茶家族中尚可区分，如今正在流行的品种，并按四大类别进行归纳，力求通俗易记。我知道这注定是一次费力不讨好的努力，但我一直认为武夷岩茶最令人着迷的除了山场和工艺，就是千变万化、丰富多彩的各类茶树品种。比如水仙，个性比较平和，就像女人一样，很柔很细，细腻温婉；比如不见天，就像小家碧玉；比如金锁匙，又像大家闺秀。无论是“五大名丛”，还是“豪门内斗”“北漂之子”，或是“新生娇贵”，品种不同，性格也不同，色香味形也有所差异，要通过细致的观色、闻香、品味去感受每个品种每道茶。我们常说，美是丰富的，有变化才美。似乎武夷岩茶的动人之处就在于丰富的品种，不断挑战茶人的感知和味蕾。

我的茶学专业知识是远不够的，书中难免有不少我所未能知晓的知识，错漏之处，希望读者海涵。

很多人感叹，谈武夷岩茶而“色变”，而我却试图打开武夷岩茶茶树品种的另一扇门，希求通过我的文字，与读者一起领略如此竞秀的草木之美。

民国武夷山罐茶

目录

第一辑　天人合物

第二辑　万物静默如谜

第三辑 武夷三十六茗

第一章 五大名丛

第二章 豪门内斗

第三章　北漂之子

第一辑

天人合物

碧水丹山

武夷不独以山水之奇而奇，更以茶产之奇而奇。

悬崖峭壁，深坑巨谷，一条9.85千米曲折环绕的九曲溪畔，典型的“山环六六峰”面面相觑。历代智慧的茶农巧夺天工，利用岩凹、石隙、石缝，沿边砌筑石岸种茶，这种长在武夷山岩石之上的茶就是岩茶。

武夷山，以茶为遗传密码，让自己区别于世界上任何一个地方。特殊的地理环境造就了武夷岩茶独特的口感，不同于杭州西湖龙井茶的“雅韵”，也不同于黄山毛峰茶的“冷韵”，武夷山自带的“岩韵”复合多种似兰如玫的香气，馥郁持久，更有似果如蜜之甜韵。锐则浓长，清则幽远，味浓醇厚，鲜滑回甘，点滴之处全在心间。

武夷岩茶口感独特，离不开武夷山雄伟的地貌——碧水丹山。

简单来说，丹霞地貌的特征是赤壁丹岩。所谓“色如渥丹，灿若明霞”，形状大多是顶平、身陡、麓缓的方山、石峰、石柱等。比如，现在旅行社一定会安排行程的天游峰、一线天、虎啸岩，都是由丹霞地貌形成的武夷奇观。

在《中国国家地理》杂志中，武夷丹霞位列中国七大丹霞地貌的第二美，观赏价值极高。与张家界的奇峰林立相比，这里的石头山更像是“颜值爆表”的彩丘。原本极尽粗粝的红色砂岩，与碧水蓝天交融，生出层叠的青苔、野草、灌木和茶园。先农在山岩间种茶，薪火相传，自然总结出什么地方种的茶味最好，什么地方要差一点。唐代茶圣陆羽所著《茶经》记曰：“其地，上者生烂石，中者生砾壤，下者生黄土。”而武夷山茶区大部分土壤由火山砾岩、红砂岩和页岩组成，是烂石砾壤，正适宜茶树生长。

传统上，石缝、乱石堆里长的茶树，历来

为中国茶人所推崇。烂石下为何有上者？接连几日的春雨洗刷，茶树绿得仿佛可以溢出水来，清香的气息直击人的肺腑，也揭开大家想知道的奥秘。

武夷山植被繁茂，随处可见杉、马尾松、蕨类等植物，山间土壤的表层被大石覆盖，属于亚热带常绿阔叶林山地土壤，表层腐殖质层较厚，适合种茶。此外，烂石疏松的土壤，不仅提供了茶树根系生长的富氧环境，使茶树扎根数米之深，还汲取到深层土壤中的微量矿物质元素，饮用价值极高。泡开的武夷岩茶，茶汤入口瞬间，似乎可以品尝到连绵的雨水，闻到山谷中散落的兰花，新鲜的苔藓，沁人的清香，感受到那些高耸的岩石，以及拂过面颊的春风。

对于武夷山的地貌，梦笔生花的江淹曾一言以蔽之，曰：“碧水丹山。”此处“丹山”所指即为丹霞地貌。武夷山特殊地貌带来湿润气候，烂石之下内含物质丰富而协调，与云海、岩石、茶，共同造就了最具代表性的物候资源。

灵山秀水之中，三坑两涧之中，日照与阴面之中，茶叶的品质和口感卓尔不群。岩岩有茶，却岩岩不同，其中韵味，还需要我们慢慢品味。

岩岩有茶

怀揣白云的人

行走在三坑两涧

岩石的底层

随手抄下蓝天、流水

还有岩缝上的兰草、菖蒲和花香

岩上有茶

岩下有溪

丹岩千仞，烂石为土

那些看守清涧的嘉木

一站就是一生

时光逆流而来

倒水坑旁

上了年纪的老枞水仙

青色的苍苔爬满皱纹

在牛栏坑底

那片叶子窄小的肉桂

白天还在回味着夜里的梦香

慧苑的木鱼声中

有水金龟不可思议地爬过
流香涧、悟源涧的清泉
让灵芽因此争芬
石窝里岩峰上的茶
有着比石头还坚硬的骨气

我一直在想
这些武夷仙人植下的茶
春风里被采摘
在一双手里炒青和揉捻
炭火中打坐和滚翻
就成了岩石的心经

爱茶的人
坐在晚秋的风声里
花上一生的时间
喝完一泡大红袍
在一杯茶里
一座山的身影
因此荡气回肠

茶石共生

岩茶，岩字上下拆分开来看，山间石头是个中灵魂。

近些年来，你若问喜欢喝岩茶的茶客：“这岩茶最大特点是什么啊？”一般得到的答案皆是“岩韵”。“那岩韵是什么啊？”“嗯……这个东西只可意会，没法言传。”对话完毕，问者似乎非得“一啜”。

想要摸清这玄乎的“岩韵”，就得先摸清这些山间石头，怎么能长出东西来？中国自古说到石间传奇，除了《西游记》中蹦出来的顽劣石猴之外，谈到最多的就是“茶石共生”了。

在咱们地大物博的中国，这样的景观并不少见，但最为显著的还是福建和云南这两个地方。“乱石成阵，万茶成林”，在云南岩茶之乡，这是最壮观也是最普遍的景致。远处云山雾海中的古老茶树，与岩石混生共长，石间曾住着一位神秘的“普洱鼻祖”，诉说着千年的神话。有人说，云南是幸运的，不仅景美得不像话，还是个产茶的好地方。

距离云南2218千米的武夷山，茶和石的“天作之合”也经历了上千年的历史变迁，仍然守护着这片土地。

与云南大面积的“茶石共生”地貌不同，从武夷自然保护茶区的上空俯瞰，你会发现武夷的这些茶树并不好遇见。作为大自然的宠儿，茶树在原始植被的保护下，零星错落在丛林之中，茶农讲究因地制宜，而茶园形态主要是以砌石而栽、依坡而种、就坑而植呈现。例如，母树大红袍就是生长在九龙窠的岩壁上，长势挺拔，蔚为壮观。

武夷山大部分由岩石组成，丹霞地貌的特征使得岩石受到降雨的冲刷风化作用，碎石不断受到侵蚀，形成了细小的岩粒，散落在山场中，造就了如今武夷山的土壤特点。

脚下的土壤随着往上的趋势，渐变成了红色并且还有很多细小的岩粒。如此原始的“茶石共生”环境，在福建乃至中国首屈一指，也带来不朽的美誉。明代徐𤊹《茶考》记载：“山中土气宜茶，环九曲之内，不下数百家，皆以种茶为业，岁所产数十万斤，水浮陆转，鬻之四方，而武夷之名，甲于海内矣。”文中可以看出，徐𤊹完全见证了武夷茶享誉四方的盛况。

武夷山脉是熔岩侵入和喷出地表的产物，

组成岩石是各类火山岩和花岗岩；山脉的两侧则分布着较多地质年代属于侏罗纪和白垩纪时期的红色沙砾岩层。随着年复一年的侵蚀，谷壁崩塌后退，岩石风化为沙砾，终究没逃过海枯石烂的那一天。不同含量、内质的沙砾壤形成，并与周边的枯草、花木的生物代谢物组成新内容的土壤，再经雨水、山洪的冲刷，逐渐从山顶覆盖到山腰、山下，将含有沙砾的沃土附着于山坡表面的同时，完成了茶树的迁徙，也给予了迁徙之后生长的土壤。

武夷岩茶有着沁人心脾的香气和百转千回的滋味，其灵魂深处是茶与石的奇妙融合，石因茶而活，茶因石而灵，沐浴在大自然的怀抱中，而后又跃然于茶杯之上。

北纬27°

武夷岩茶既有绿茶的清香，又有红茶的甘醇，形成优异品质的因素是多方面的，而气候条件是重要的生态条件之一。

从世界范围上看，产茶区覆盖于北纬42°至南纬33°，这一分布区间基本上说明了，大部分茶树需要生长在比较温暖的地域。比如，终年如夏的红碎茶大国斯里兰卡，酷热难耐的阿萨姆红茶产地印度，其中也有雪山上的云南茶引发争论，但人家位置还是在这纬度范围内，只是海拔高了些。

武夷山广泛分布的产茶区更是证明了这一点。8月夏末，处暑。处暑即出暑，北方日渐冬寒，而地处亚热带北部的福建武夷山，依旧阳光充沛，据报道，白天最高气温达33℃。

武夷山茶园一隅

当地的人们简单地把四季总结为：春潮、夏湿、秋爽、冬润，一年如春。北纬27° 27′ 31″ —28° 04′ 49″ 的武夷山，东连浦城，南接建阳，西临光泽，北与江西省铅山县毗邻，是典型的中亚热带海洋性季风气候区，年平均温度为17.9℃。

每年冷空气南下报到时，武夷山脉阻挡了大部分气流，等冷空气积蓄能量越过武夷山脉，或者经福建东北部绕道到达时，冷空气已被暖化。武夷山温暖的气候，为茶树铸就天然的温室，舒适均衡的气温，也成为四方游客在一年四季纷至沓来的原因。

茶不仅喜温，还是喜湿植物。武夷山年降水量在2000毫米以上，年相对湿度高达85%，常年多雾，溪流其间，日照充足，土质为佳，最适宜茶树的生长和优秀品质的形成，但也不是什么茶类都吃这一套。

有不少业界茶人认为，绿茶基本从武夷山消失，除了跟历史上帝王的金口玉言有关，蒸青绿茶“龙团凤饼”没落，另一个原因也跟武夷山潮湿的天气相连。武夷山，全年有 200 多天湿度超过 70%，降水 70 天以上，绿茶的特性不适宜武夷山人除湿暖胃的生理需求，而岩茶属半发酵乌龙茶，恰与地土风情紧密联系。

说完雨露，再说阳光。万物生长靠太阳，茶树的生物产量 90%以上是靠光合作用形成，适当强度的光照极为重要。

武夷山一年日照 120 天，无霜期 272 天，相当于平均每 3 天，茶树就能晒到太阳。但是，因为茶树特殊的生物品质，光照过强，其生长反而会受到抑制。因此，茶树在进化过程中，形成喜光怕晒的特性，它们更适合在云雾多、漫射光多的茶园生长。“碧水丹山”的武夷山，完全符合这一标准。

据当地茶农介绍，拥有特殊丹霞地貌的武夷山早晨有阳光照射，中午以后太阳被岩石挡住，日照时间短，山上云雾缭绕，九曲溪水涓涓。宋代宋子安《东溪试茶录》记曰：“茶宜高山之阴，而喜日阳之早。”武夷茶树依山附岩，在山腰、深涧底、峭壁上、石缝中郁郁葱葱生长，四周皆有山峦作为自然屏障。

如葡萄酒一般，茶的风味依赖于风土。在泥土、风雨、温度的变幻之下，每一产区的茶都形成了鲜明的产区特性，这便是茶之奇迹。

从海拔1054米的桐木关出发，一直往前走上坡路，抬头望去就可以观察到武夷山植被呈垂直地带性分布。自然保护区由于面积大，生境悬殊，孕育了具有武夷山特色的植被。据刘初钿的统计，在武夷山50平方千米的核心部分，高等植物就高达2615种，为茶种品种的繁多奠定了生态物质基础。

经过19千米的徒步后，便可走到山顶。那是海拔2158米的黄冈山山顶，一眼望去，却都是矮矮的、稀稀拉拉的山地草甸土。

受九曲溪影响，江面水汽升腾弥漫，在高海拔处形成冷凝面，形成浩瀚的云海景致。同时，海拔最低为165米的兴田镇，最高为2158米的黄冈山，巨大的垂直落差形成了武夷独有的立体性气候。

不仅如此，武夷山还保存了世界同纬度带

最完整、最典型、面积最大的中亚热带原生性森林生态系统，发育有明显的植被垂直带谱。

武夷山素有“九十九岩”之说，这九十九岩几乎被 70 平方千米的风景区所含括，这些地方土壤通透性能好，矿物元素含量高，酸度适中，茶品岩韵尽显。按照现在国家统一标准，武夷山风景保护区所产岩茶，才称为“正岩茶”。

“山场”是武夷人独有的茶园叫法。山坡陡峭、岩石坚硬，武夷茶多在山坑岩壑之间，在公路不能到达的深处。武夷种茶先民祖祖辈辈在山岩间肩挑两筐、开垦种植、因地制宜，造就了武夷山间石壁梯台层层叠叠的茶园胜景。

而今，武夷山景区 76 平方千米范围之内的土地，都是所谓的正岩山场，但名气最大的仍然是“三坑两涧”，即慧苑坑、牛栏坑、倒水坑、流香涧和悟源涧。

在武夷，山场的变化也许就是在寸步之间。岩岩有茶，而茶味却又岩岩不同，每个小山场都具有自己独特的微域环境和气候，这使岩茶呈现出了不同的特点，也孕育了岩茶独具魅力的山场特征。

林馥泉《武夷茶叶之生产制造及运销》一书中认为，“产茶最盛而品质较佳者有三坑”，即慧苑坑、牛栏坑和大坑口，所产之茶称为大岩茶。此外，产自三涧坑和九曲溪的茶称为中岩茶，而利用山脚溪边沙洲种植的茶称作洲茶。不同于洲茶茶田里细小的沙，岩粒就是武夷正岩产区的标志之一。一条小河相隔的另一边，就成了岩茶产区，茶青价格相差几倍甚至几十倍。

按照传承人的说法，这种山场的地势高低所造就的茶味也大不相同。坑涧阴处生长的茶树叶片大而肥厚，适合做岩茶，会使最终成茶冲出来的汤更“厚”；而经常被阳光照射的茶树虽然香气更重，也容易产生甜味，但成茶茶汤会感觉很“薄”，层次不够丰富。这也是为什么坑涧生长出来的武夷岩茶味道最佳。

历史的回响

宋代是武夷茶生产的鼎盛时期，饮茶方式日趋讲究。茶的主要功能不再是药用、解渴，而在于品饮鉴赏。文人雅士把饮茶看成一种精神享受，茶由煮饮改为品饮，茶事之兴日益雅致。武夷茶已为广泛品赏玩味，大文学家范仲淹有长诗《和章岷从事斗茶歌》，记述当时山中斗茶激动人心的情景，可见宋朝人斗茶已经到了狂热地步。

宋代斗茶是采用“点茶”的方法来筛选出好茶名品，因此斗茶实际上是对点茶技艺的评比。苏轼的《咏茶》里是这样描述的：“武夷山溪边粟粒芽，前丁后蔡相笼加。争新买宠各出意，今年斗品充官茶。”当时的官员为了得到皇帝的宠爱，推行“斗茶”以挑选出茶品最好的作为官茶。而宋代以建安所产的建茶（武夷茶统称）最为名贵，武夷茶经过斗茶之后，多数都成为贡品，受到皇亲贵族们的喜爱和追捧。

宋以后朝廷饮茶的茶品，多是武夷茶。划过“三三九曲水”，竹筏已来到第四曲溪畔的大藏峰。顿时，一股渗透着玄机的清凉气息沁入心田，让人顿感岁月是那般苍老与深邃。当地人介绍，那团高于岩石的“稻草”，也不知是什么时候搁置上大藏峰顶。考古学家一直在研究，可至今仍是个谜。

顺着船上小阿哥右手指着的岸边望去，掩映在绿树丛中有一座古色古香的房子。据了解，那是元明两代朝廷创设的皇家焙茶局，誉之“御茶园”，现在成为人们喝茶休闲的场所。一方伫立的“御茶园”石碑，见证着武夷茶被元代皇帝忽必烈钦定为贡品的辉煌。

武夷茶在历朝历代都备受皇家青睐。武夷山市兴田镇西南1千米之外的城村，四周一片寂寥，甚是苍凉。呈现在眼前的只是三个独立

的殿宇遗址，却隐藏着 2200 多年前闽地本土茶文化的蛛丝马迹。

公元前 110 年，汉武帝调遣数十万大军灭了闽越国，为了永绝后患，武帝采取“徙民虚其地”的办法，诏令大军将闽越举国内迁江淮间，焚毁闽越国的城池宫殿。相传，当地官员将武夷茶献给汉武帝，武夷茶纳贡从汉武帝开始，但史志中未见汉代武夷山产茶记载。

经历了近半个世纪的考古研究，闽越王城遗址不仅出土了大量极具时代和区域特色的陶器、石器、铜器、铁器等遗物，还有生产工具、生活用具以及众多锻铸精良的兵器、建筑构件等，代表了当时先进的生产力。数以万计的陶器里，有大量瓿、壶（通常用来盛茶、酒等液体）、钵、罐，也些许证实了汉代闽越国先民种茶饮茶的传说。

汉代时，汉武帝派员到此投“金龙玉简”，

“用干鱼祀武夷君”，饮到武夷茶赞其“气飘然若浮云也”；唐代时，员外郎孙樵将武夷茶拟人为“晚甘候”，意指晚节高尚之君候。再望向屹立于四曲北岩另一侧的题诗崖，是武夷文化中的一块瑰宝，像这样的摩崖石刻，武夷山共有400多处，堪称书法艺术的“大观园”，渗透着浓厚的人文色彩。

据《崇安县志》记载，唐贞元年间（785—805）武夷山一带已有蒸焙后研碎而塑成团状的“研膏”茶制造，这便是最早的武夷茶。武夷茶的入贡，始于宋代，但“御茶园”的创设，却是在元大德六年（1302）。

武夷茶有缘入京“受宠”于元世祖忽必烈及元朝皇室，官员高兴起着关键的作用。元代至元十六年（1279），浙江省平章事高兴路过武夷山，监制“石乳”茶数斤献与宫廷，深得皇上赏识。3年后，高兴又命崇安县令亲自监制贡茶，“岁贡二十斤，采摘户凡八十”。

元大德五年（1301），高兴儿子高久住任福建邵武路总管，就近到武夷山制贡茶。次年，

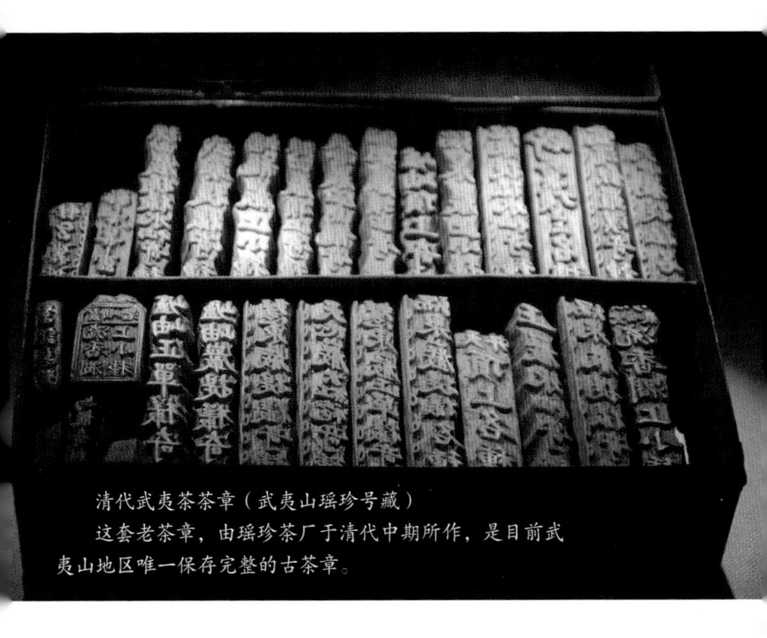
清代武夷茶茶章（武夷山瑶珍号藏）
这套老茶章，由瑶珍茶厂于清代中期所作，是目前武夷山地区唯一保存完整的古茶章。

他又在武夷山九曲溪四曲溪畔的平坂设立了皇家贡焙局，不久改名为“御茶园”。从此，武夷茶正式成为朝廷贡品。

御茶园的设立，大大提高了武夷茶的名气，据志书记载，御茶园初创期，曾经盛极一时。园内建筑的大致布局是：前有仁凤门，后有第一春殿、清禅堂，四周有思敬亭、焙芳亭、燕嘉亭、宜寂亭、浮光亭等。设有场官 2 名主管岁贡之事，后来贡制扩大，采摘、制茶的农户增加到 250 户，采茶 360 斤，制龙团 5000 饼。

明代早期，贡茶制度仍沿袭前朝，明洪武二十四年（1391），皇帝朱元璋诏令全国产茶之地按规定的每岁贡额送京，并诏颁福建所贡之茶为上品。茶名有四：探春、先春、次春、紫笋，并下令不得碾捣为“大小龙团”，按新的制作方法改制成为芽茶入贡，即“明太祖废团茶制散茶”。

从中国茶叶的发展来看，朱元璋的诏令无疑对中国名优茶的发展起到了关键性的促进作用。团饼茶由此走向衰落，而武夷名优散茶的种类和数量却显著增加。御茶园的历史，前后经历了 255 年。贡制造成茶农负担日益加重，以至于茶农弃茶园而流走他方，另谋生路。到明嘉靖三十六年（1557），官府不得不停办茶场。

如今的御茶园已不复往昔，但年年仍保留着登临喊山台，祭祀茶神之习俗。恍若那年惊蛰之日，御茶园官吏偕县丞等一定要亲自登临喊山台，祭祀茶神。祭毕，隶卒鸣金击鼓，鞭炮声响，红烛高烧，茶家拥集台下。同声高喊：“茶发芽！茶发芽！”响彻山谷，回音不绝。

茶人的智慧

在明末清初以前，武夷之茶只能称“武夷茶”，而不能称“武夷岩茶”，因两者有根本区别，前者应解释为武夷之茶，包括蒸青团饼茶、炒青散茶以及小种红茶、龙须茶、莲心等诸茶；后者是专指乌龙茶（青茶）类，即生产加工在武夷山的半发酵茶。

古代浓茶或称酽茶，酽与岩异字同音，可能岩茶含有浓茶之意。武夷岩茶之茶汤在诸茶类中可称最浓郁之一种。袁枚在《随园食单》写道：“余向不喜武夷茶，嫌其浓苦如饮药。然丙午秋，余游武夷，到幔亭峰、天游寺诸处，僧道争以茶献。杯小如胡桃，壶小如香橼，每斟无一两，上口不忍遽咽。先嗅其香，再试其味，徐徐咀嚼而体贴之，果然清芬扑鼻，舌有

余甘……始觉龙井虽清而味薄矣，阳羡虽佳而韵逊矣，颇有玉与水晶品格不同之故。故武夷享天下盛名，真乃不忝，且可以瀹至三次，而其味犹未尽。”据此若“酽”指其品质特点，则恰到好处，酽茶是否为目前“岩茶”之前称，还值得研究。阮文锡（法名释超全），明末清初人，在《武夷茶歌》中说：“景泰年间（1450—1456）茶久荒……嗣后岩茶亦渐生，山中借此稍为利……种茶辛苦甚种田，耘锄揉摘与烘焙，谷雨届期处处忙，两旬昼夜眠餐废……凡茶之产唯地利，溪北地厚溪南次，平洲浅渚土膏轻，幽谷高崖烟雨腻。凡茶之候视天时，最喜天晴北风吹。苦遭阴雨风南来，色秀顿减淡无味。如梅斯馥兰斯馨，大抵焙时候香气。鼎中笼上炉上温，心闻手敏工夫细。岩阿宋树无多丛，雀舌吐红霜叶醉。终朝采采不盈掬，漳人好事自珍秘。”他既直接提出“岩茶”名称，亦说明了复兴过程、采制时间、加工方法及获得优良品质的关键。自唐以来，武夷是佛教、道教、儒教三教集合之地，寺庙、道观、书院遍及全山，20世纪50年代前尚余100多处，僧道众多，而茶园有很大一部分都是庙产，僧道亦有时间去研制高品质的新茶种，更有请黄山僧来武夷制松萝茶等记载，故武夷茶的变迁与僧道也是分不开的。

清康熙四十五年（1706）崇安县令王梓在《茶说》中记录："武夷山周围百二十里，皆可种茶。其品有二：在山者为岩茶，上品；在地者为洲茶，次之。邻邑近多栽植，远至星村墟市售卖，皆冒充武夷（茶），更有安溪所在，尤为不堪……"1734年，县令陆廷灿在《续茶经》中写道："武夷茶在山上者为酽茶，水边者为洲茶，酽茶为上，洲茶次之；酽茶北山者为上，南山者次之，南北两山，又以所产之岩名为名。"又说："凡茶见日则味夺（指传统绿茶），惟武夷茶喜日晒（指萎凋），武夷造茶，其酽茶以僧家所制者最为得。"特别他引王草堂《茶说》："武夷茶自谷雨采至立夏，谓之头春。约隔二旬复采，谓之二春。又隔又采谓之三春。头春叶粗味浓，二春三春叶渐细，味渐薄，且

带苦矣。夏末秋初，又采一次为秋露，香更浓，味亦佳。来年计，惜之，不能多采耳。茶采后以竹筐匀铺，架于风日中，名曰晒青（日光萎凋俗称晒青）。俟其青色渐收，然后再加炒焙。阳羡岕片，只蒸不炒，火焙以成。松萝、龙井，皆炒而不焙，故其色纯。独武夷（茶）炒焙兼施，烹出之时，青者乃炒色，红者乃焙色也。茶采而摊（指晒青和凉青的萎凋），摊而搪（搪指平面旋转动作，亦兼有上下回圈运动之意，即武夷岩茶特殊的传统摇青手法，为其他茶类所无），香气发越即炒（指岩茶在做青工艺中形成菊花香后），过时不及，皆不可。即炒即焙，复拣去其中老叶枝蒂，使之一色……”这完全是武夷茶延伸到现在始终未变的传统工艺，由此证明“武夷茶”的乌龙茶（青茶）制造方法，在王草堂《茶说》之前已广泛在生产上应用，并有一定的流传时间。陆廷灿《续茶经》撰于1734年，其引用王草堂《茶说》为更早，故乌龙茶之改制应始于明末，盛于清。从现有史料推测，应以武夷岩茶为乌龙茶的始祖，发源地应在武夷。从初制工艺（发酵程度）而论，越向南则发酵程度越轻，由武夷向建阳、建瓯、闽南、广东、台湾推移。

岩茶焙制的特点，采取红绿茶制法的精华及特殊技术处理。在武夷山最常听到制茶师傅说的两句话是“看天做青”和“看青做青”。岩茶既需要多酚类化合物的氧化，又要抑制它的氧化。能掌握得恰到好处，就能获得优良品质。因此优质岩茶只能是影响品质的内含物质消损、转化、累积，最终达到调和结果的产物，亦是整个焙制过程相辅相成的综合表现，仅一个方面达到要求并不能说明成茶的品质是绝对优良的。正如姚月明老先生在《武夷岩茶》一书中所言，要明了各工序在焙制过程中形成岩茶各种品质因素的地位，简单地说，三分红七分绿是岩茶的标志，做青烘焙则是色的决定因素，萎凋则是形成香与味的基础，香韵（岩韵）则以做青为主导而形成其风格，味韵（岩韵）为复炒所诱发以烘焙来充实为其特征，但相互之间有着不可分割的有机联系。岩茶焙制过程虽然在严格分品种、产地、气候、时间的情况下分别制造，掌握程度有所不同，但总体还是统一的，共五大工序十三小工序：

萎凋→发酵（做青）→杀青→揉捻→烘焙。

萎凋→凉青→做青→杀青→初揉→复炒→复揉→毛火→扇簸→凉索→拣剔→足火→炖火。

典型的丹霞地貌，萦回环绕的九曲溪，再加上神秘的茶文化，构成一幅奇妙秀美的杰出景观。武夷岩茶的全部“灵魂”似乎就在武夷制茶师傅的手中，而这正是茶人的智慧。

焙火的艺术

乌龙茶制法明末清初才形成，武夷岩茶的炭焙法却与900多年前宋徽宗《大观茶论》中的记述几乎完全相同："用热火置炉中，以静灰拥合七分，露火三分，亦以轻灰糁覆，良久即置焙篓上，以逼散焙中润气。然后列茶于其中，尽展角焙，未可蒙蔽，候人速彻覆之。火之多少，以焙之大小增减。探手中炉：火气虽热，而不至逼人手者为良……终年再焙，色常如新。"现在武夷山的焙间里，人们仍然是在焙坑中点燃打碎的木炭，覆上蕨类植物芒萁烧成的灰，再架上竹制的焙笼，小火温慢炖。这一传统焙火技艺，900多年不曾间断。

初焙，是为了防止揉捻后湿茶青急速发酵，而借火力在短时间内将酵素杀死，让茶青就此稳定。所以，初焙在武夷制茶师傅口中也称作“走水焙”。茶青上焙后，烘至四五分钟，即需翻焙，使茶青上下面均匀蒸发水分，最终达到 80% 左右的水分蒸发量。初焙火温和时间的掌控是决定岩茶口味的又一关键技艺。初焙后的茶青再次变色，鲜绿色的叶片变成了墨绿色，绿色的芽梗变成了红褐色。

初焙结束后，还会再铺于筛上静置三四个小时，这叫作凉索。初步烘干拣梗后的毛茶，几天后上焙复火，才算初步精制完成，一两个月后还要再次复焙。温度如何控制，何时翻焙，焙多长时间，完全由烘焙师傅掌握。真正好的火功是“入火不伤品种香”。一批不错的毛茶，可以通过最适宜的文火慢炖，叶色现出如白霜般的宝光，火香和轻微的焦糖香与发酵中形成的花果香相得益彰，也可能因焙不得法过度炭化，前功尽弃。难怪技艺高超的烘焙师傅在制茶季特别抢手，薪酬也高。

七八月份，茶季结束之后，才会在岩茶精制中再次焙火，被称为“补火”。在原有的炭火上撒上炭灰，以隔绝明火并均匀控制火温，这叫作“文火慢炖”。补火有一两次到四次，根据口味，选择清香和重火。上过两次焙笼，这一年的岩茶才算精制完成，可以销往各地。但这时的茶，火气尚旺，要放在干燥避光的地方，慢慢退火。去年的岩茶，这会儿正是最好喝的时候，这一泡浓香醇厚的茶汤里，有山场香、品种香、工艺香、炭火香和制茶人彻夜不眠的守护，值得细细回味。

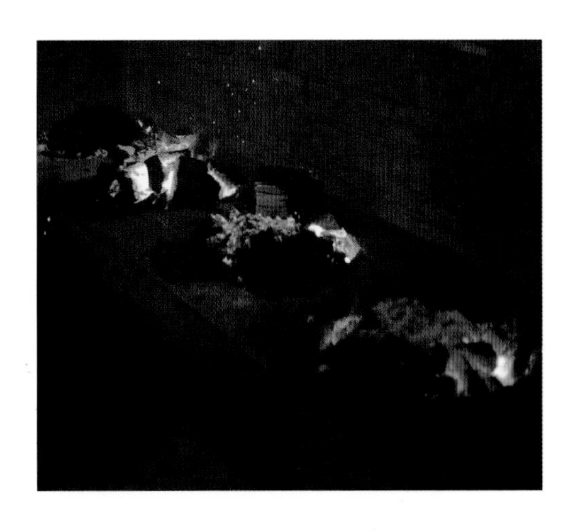

第二辑

万物静默如谜

武夷仙人从古栽

茶好，无非是产地、工艺、茶种三者的结合。

武夷山历来被称作茶树品种王国。千年的地壳运动，孕育出丰饶的动植物资源，也生存着许多“神秘物种”。从某种程度上说，千变万化的武夷岩茶，它的迷人之处更多体现在“茶种”上，这里有着近千个茶树品种，从过去到现在永远吸引着茶人的目光和舌尖，甚至抓住了我们的喉咙。

宋代范仲淹（989—1052）在《和章岷从事斗茶歌》中称：“年年春自东南来，建溪先暖冰微开。溪边奇茗冠天下，武夷仙人从古栽。”当时的武夷茶已经达到“冠天下”之程度，更重要的是这些名冠天下的“奇茗”是“武夷仙人”早就栽种的，表明“武夷茶原属野生，非人力

所植”。同时宋代开始有武夷名丛的文字记载，如郭柏苍在《闽产录异》中称：“铁罗汉、坠柳条，皆宋树，又仅止一株。”说明了宋代已有茶树单株选种的科学方法，单株单采单独初制加工，品质特别优异，才能传名后世。

只要谈及武夷名丛，就有很多个说辞让你迷失在逻辑中。有时会听到“这是武夷菜茶不是引进种”，甚至有时你能听到诸如“66、305”等一串数字编号……在邵长泉编著的《岩韵》一书中，认为名丛是指那些自然品质优异，具有独特风格的单丛茶树。

顾名思义，名丛就是著名的单丛，而单丛是指菜茶中独特的株系。武夷岩茶区的历代栽培专家、茶农，从武夷菜茶原始品种的有性群体中，经过反复单株选育，积累了名目繁多的优秀单丛。经反复评比，对品质优异者，依据品质、形状等不同特点命以“花名”，再从各种“花名”中评出“名丛”。工序严谨，颇具匠心。

慧苑坑，位于玉柱峰的北麓海拔 262 米的景区深处，是几大坑和几大涧的交汇处，与章堂涧在一条山谷通路上，连接着流香涧，和牛栏坑在东西一条线上。许多名丛在这里长久地生根发芽，尊称天然的“名丛大观园”，全坑松竹环翠，眼眸随到之处遍栽武夷名丛茶。据传，历史上武夷岩茶的花名有800多个，仅在此地，就发现超200个。

慧苑坑内，有一座历史悠久的小寺庙，名“慧苑寺”。相传宋代，寺里有一位叫积慧的和尚，长得黝黑健壮，身形彪悍魁梧，像一尊罗汉，乡亲们都称他为“铁罗汉”。有一日，他在慧苑岩的内鬼洞岩壁隙间中，发现一棵茶树，树冠高大挺拔，枝条粗壮呈灰黄色，芽叶毛茸茸又柔软如棉，并散发出一股诱人的清香气。他将采摘下的茶叶带回寺内，以其高超的制茶技艺，制成武夷岩茶，闻之清香扑鼻、醇厚甘爽，啜入口中，神清目朗，寺庙四邻八方的人都喜欢他所制的茶叶，“铁罗汉”因此得名，为最早的武夷名丛。

还有一个传说数百年来一直被人津津乐道。相传古代有一位举人进京赶考，路过武夷山，昏倒在路边，奄奄一息，时至茶季，被天心寺采茶的僧人所救，并以一种陈茶入药为其治疗。举人得救后继续进京应考，并考取状元，而后回武夷山报答救命之恩。僧人告诉他，救他命的是九龙窠的几棵茶树，状元就脱下红袍披盖茶树，跪拜谢恩。由此，那几棵茶树就被称为“大红袍”，随着美好的传说名扬天下。如今，大红袍从高高在上的神话走向了千家万户，大红袍不再单指武夷名丛中的一类茶树品种，随着岩茶的热销，成为商品名称，成为武夷岩茶的经典代言。

谈起武夷岩茶，最让人头疼的除了岩韵，就是云里雾里的各种小品种、名丛、花名，那些五花八门的茶树品种名称，会让接近武夷岩茶的人迷失在逻辑中，有时你还能听到诸如“105、204、305”等一连串数字编号……

在武夷岩茶这个大家庭里，还有众多比较年轻的外来种，相较于“前辈们”，它们的外形更加打眼，也更有个性。从武夷山之外引进的品种，俗称外来种，如铁观音、梅占等。没有文化背书、没有雄厚背景，若无出挑的个性与特异的品质，在岩茶王国里脱颖而出已是十分困难，为山外茶人所知更是不易。

如今，通过无性繁殖的推广，许多名丛也逐渐成为武夷岩茶的品种，所产茶叶品质稳定，具有较高经济价值，可在不同地区进行推广种植。常见品种如水仙、黄观音、金观音等。

20 世纪 70 年代到 90 年代末，在种植技术的推动下，福建茶科所科研人员运用人工杂交等方法，利用不同品种培育出一些品质稳定有特点，并适宜武夷山环境、工艺的优良性状新品种。为了便于记录和比对，给品系试验区标上区号，在国家审定品种前，以编号代称，经国家申请后，给以标准品种名，如金观音品种编号为“204”。

名丛之名，既要雅致，又要符合茶品质，实属不易。但是正因源头不断涌注的“活水”，推灌着岩茶世界清渠如许，魅力万变。

按照陈郁榕《武夷岩茶百问百答》的分类，武夷岩茶的茶树品种大致分为三类：菜茶类、品种类、新品种类。这是既科学又简单的“三

分法”，但为了细化饮茶者对武夷岩茶既有的认知，结合岩茶市场的实际，我们将武夷岩茶的茶树品种分为四大类：五大名丛、本地菜茶、引进品种、新品种类，后三类又趣味地冠以“豪门内斗”“北漂之子”“新生娇贵”之名，倾力向读者展现武夷岩茶不同品种之魅力。

武夷菜茶

武夷山产茶有1500多年历史，茶树种类繁多。武夷菜茶，原产于武夷山山坑岩壑之间的实造苗，是武夷山土生土长的茶树原始有性群体，采用播种繁殖，是世界茶树分类学上中小叶种的代表种群。也可以这样理解，武夷没有名字的茶树品种都可以叫菜茶。有人说没有武夷菜茶，就没有历史上各类优质的武夷岩茶。而这些茶树，还有一个古老的传说。

距离武夷山市区52千米的岚谷乡岭阳村，是目前菜茶有性群体分布最广的地方。这里是武夷山最北的村落，位于闽赣两省交界处，北与江西省上饶市接壤，是个鸡鸣三省的地方。一边是断岩，一边是峭壁，易守难攻，如此好地方，自古也是兵家必争之地。

据说岭阳关上曾有一块巨石，多年修炼成精。某日一时性起，触犯天规，跑到村里大闹一番，后来被雷公劈成两半。很多年以后，人们发现石缝中长出嫩绿的树芽。从此，岭阳关的百姓便以此为生，世代做茶。到明朝天启年间，这里一度成为皇家茶园，不再允许百姓采摘。清兵入关后，郑成功败走台湾，这里的“御茶园”也因此荒废。不过，这些茶树却顽强地生存下来，久而久之就成了无人问津的野茶树，民间亦称“武夷菜茶”。

武夷山是和武夷茶相生相连的。原生茶树，长期生长在武夷山优质生态环境中，受当地生态环境的影响和演变，形成对环境条件极为敏感的特性。深山幽谷中，野茶以天为房、大地为床、万物为衣，岩石当枕、云雾当被、露珠为氧，吸大自然之灵气，取万物之精华。由于蜂蝶自然授粉结果实后，各茶树自然杂交，致使群体内混杂多样，每一株茶树都不一样。有高有矮，有叶长有叶短，发芽时间上也存在早迟，个体之间形态特征特性各不相同。

菜茶，因为名字中有一个“菜”字常被误以为是廉价的便宜货。菜茶有一个官方名称，叫“奇种”。因茶树的特性和武夷山千变万化的小气候，造成了武夷菜茶千奇百怪的品种特质，所以它们也被叫作奇种，直白的意思就是奇奇怪怪的品种。没有单一性，芽稍肥壮，茸毛较少，抗逆性尚强，但产量较低。

奇种是武夷山记载的最早发现的品种，武夷山桐木关誉满中外的正山小种、金骏眉都是由奇种制作而成。但是，这时候的菜茶没名没姓没名气。

名丛选育

三十六峰、九十九岩、七十二洞，造就武夷茶树生长的环境各不相同，个体繁多的野茶树物竞天择、适者生存。品种多了就需要归类和选育，由于这些株系的品质风格不尽相同，所以聪慧的武夷种茶先民，人为地从菜茶原始品种有性群体中选择，经过反复单株选育、单株采制，谓之“单丛”。

单丛并不是一种茶名，而是指采茶中单独的株系。在长期的生产实践中，武夷种茶先民积累丰富经验，以成品茶质量是否优异为标准，并经反复评比，对单丛中品质优异者，依据品质、形状等不同特征命名。因单品茶名字五花八门，故称为“花名”。

武夷山选育名丛，早在宋朝就已开始，郭

柏苍在《闽产录异》中写道："铁罗汉、坠柳条，皆宋树，又仅止一株，年产少许。"刘靖在《片刻余闲集》中记述："天游观，观前有老茶，盘根旋绕于水石间，每年发十数株，其叶肥厚稀疏，仅可得茶二三两，名曰洞宾茶。"陆廷灿在《续茶经》中说："五曲朱文公书院内，有茶一株，叶有臭虫气，及焙制出时，香逾他树，名曰臭叶香茶。又有老树数株，云系文公手植，名曰宋树。"

武夷山的茶名，宋元时受官方垄断限制并不复杂，数种而已且比较朴实，无非是龙团、蜡面、粟粒之类。明以后，则逐日增多，同时也变得花俏起来。制茶的新工艺，迫使各地茶农绞尽脑汁、推陈出新，冒出诸如紫笋、灵芽、仙萼、白露等等新概念茶。

待到清朝，武夷山茶品名称的创意达到了高峰，名丛、花名如花似锦，斑斓悦目。雪梅、小杨梅、素心兰、白桃仁、过山龙、吊金钟、老君眉、瓜子金，五花八门，释超全《武夷茶歌》中有"漳芽漳片标名异"，说的就是对不同茶叶进行命名。到了民国，茶名更是数不胜数。蒋希召于1921年在《蒋叔南游记》中记有：“天心岩之大红袍、金锁匙，天游岩之人参果、吊金龟、下水龟、白毛猴、金柳条，马头岩之白牡丹、石菊、铁罗汉、苦瓜霜，慧苑岩之品石、金鸡伴凤凰、狮舌，磊石岩之乌珠、壁石，止止庵之白鸡冠，蟠龙岩之玉桂、一枝香，皆极名贵。”

除了茶树名称，还有一些茶主为了吸引顾客，在包装时也竞取花名。民国茶学专家林馥泉在《武夷茶叶之生产制造及运销》书中记载的花名有830多种，仅慧苑岩一岩，就列出280余种。这些都说明武夷岩茶区选育名丛由来已久，并非一朝一夕之功。自宋元至明清数百年之积累，才迎来清末武夷岩茶全盛时期。

接下来，人们再择优从“花名”中选出“名丛”，也可以理解为单丛中表现特优的某丛株极受茶客欢迎或追捧而出了名，就有了所谓的名丛。简单来说，名丛是从武夷山野生菜茶中优选出来的极具特色的单株茶树，却逐步成为

武夷岩茶中一个著名的品类。由此看来，这大概是一部菜茶从无名无姓到誉满天下的“奋斗血泪史”。

据姚月明所言，在清朝鼎盛时期，武夷岩茶商品化已非常突出，武夷名丛亦相继涌现。特别是漳、泉等商户云集，以购得“工夫茶”为荣。各购山头，自为岩主，另请包头管理，每年竞相斗茶，评比岩茶优劣。因此，除铁罗汉、坠柳条、白鸡冠外，不知春、肉桂、木瓜、雪梅、老君眉、素心兰、金钥匙、洞宾茶、大红袍、水金龟、半天夭、吊金钟等千余种花名、名丛相继出现，至19世纪30年代，才形成统一四大名丛（铁罗汉、白鸡冠、大红袍、水金龟）。

武夷山市2004年对武夷岩茶的品名与质量标准做出规定，去繁就简，将岩茶产品分为五种：大红袍、水仙、肉桂、名丛、奇种。看似结束了武夷茶品名千奇百怪的状况，但茶客们始终改变不了的，是骨子里那份武夷菜茶的地土之缘。

今世名丛：不平凡的改变

科技的力量是无穷的。提到名丛的“今生今世”，茶学界必然有一个重要的转折点冒出来，那便是无性繁殖的推广应用。

从唐代到清代，武夷山所栽种的茶树品种都为有性繁殖。它可以是野生天然杂交，也可以是人工干预，例如人工播种。数百年之积聚，有性繁殖的方式赋予了武夷岩茶千姿百态的品质，如同《三国演义》中纷纷亮相的上百位好汉，还个个身手不凡。

清咸丰年间（1851—1861）是武夷岩茶全盛时代，出现了铁罗汉、白鸡冠、大红袍、水金龟、半天夭、不知春等优质名丛，斑斓悦目。待到民国，菜茶的产量已占整个武夷山产量的85%，蒋希召于1921年在《蒋叔南游记》

中载：“武夷产茶，名闻全球……种类繁多，统计全山将近千种。”除了以形态、地域等方式给茶树命名，还有一些茶主为了吸引顾客，在包装时也取花名，使武夷之茶更加“乱花渐欲迷人眼”。

不想到了20世纪80年代初，一个不起眼的“司马懿”突然出手一统天下，它就是原产于慧苑、马枕峰的岩茶肉桂。肉桂一跃而起，不仅成为武夷菜茶系中第一个获得认证的品种，还在市场上呼风唤雨，一统江湖30余年。

如何一步步压倒群芳，成为极品之冠？又如何从20世纪80年代初的几亩，发展到3万多亩？关于肉桂的推广和种植，还有许多不为人知的故事。

20世纪60年代初，武夷山的茶叶科研人员先后采用压条和短穗扦插等无性方式，使肉桂茶树群体及其优良特性趋于稳定。这里的无性繁殖技术，是指剪取茶树顶穗，直接扦插到别处，经过细心管理，培育成茶苗的技术。与有性繁殖（利用茶树种子繁殖）相比，无性繁殖具有繁殖速度快、母本性状保留完整的特点。

20 世纪 80 年代初，政府承认武夷山景区内的土地使用权归天心村村民所有，而天心村居民基本都是来自江西的移民。按照分产到户的原则，武夷山上的茶园分产到天心村居民每一户，鼓励村民开山种茶。1982 年，肉桂开始代表武夷岩茶参加全国名茶评比并胜出，此后屡获国家名茶称号，凭借其奇香令武夷岩茶跻身中国十大名茶之列。1987 年福建省科委认定肉桂为优良品种，拨给崇安县 10 万块钱育苗推广。处于统购统销时期的武夷山市茶科所，推出了这一茶树品种。

但茶农们的重点问题就是没有钱，开一亩地要 200 块钱，种一亩地要 500 块钱。也正是在同一时期，生产大队做担保，茶叶站按每颗 1 毛 5 分钱将肉桂卖给武夷山茶农，以保证茶树质量稳定。茶农将很多老茶园的菜茶树种连根刨起，换上了肉桂树种，无性繁殖技术开始在武夷山普及，一直延续至今。

如今，除了科研以外，茶园中的种植都是

通过无性繁殖。武夷山上的茶园，其中近一半的树种是肉桂。肉桂茶跟肉桂是有区别的。肉桂是一种药材，香料；肉桂茶则是一种茶。它们之间也有联系，比如肉桂茶的品种香为肉桂的桂皮香，茶汤中也有辛辣感，但没肉桂那么强烈。

《崇安县新志》记载，清代就有肉桂名丛。清末才子蒋衡有诗云："奇种天然真味存，木瓜微酽桂微辛。何当更续歌新谱，雨甲冰芽次第论。"诗中赞美了奇种、木瓜和肉桂的优美茶质，其中指出肉桂具有微微辛辣的桂皮香。

肉桂，以其霸气、辛锐、刺激常被比作阳刚的男人，或显桂皮香，或显水蜜桃香、奶油香，有些更伴随令丹田发热、脊背冒汗的强劲茶气，直冲肺腑，酣畅淋漓，与水仙之柔美形成强烈对比，成为武夷名丛当家花旦之一。到目前为止，肉桂占武夷岩茶总种植面积的 40% 以上。

第三辑

武夷三十六茗

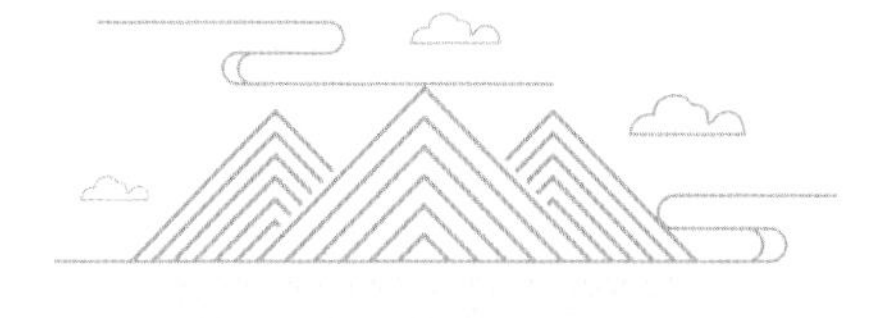

第一章 五大名丛

大红袍 万茶之尊：

红袍不就是红色的衣服吗？对，像是戏台上穿的宽大袍子。一个茶叶的名字怎么可以叫大红袍？还被尊为武夷“五大名丛”之首？

明代胡濙于永乐十七年（1419）复出，巡江浙、湖、湘诸府，写下《夜宿天心》，诗云：“幽径不寒林影下，红袍味里夜可无？”这是迄今发现最早记载大红袍的文字。按名丛呈现的顺序排列应以“铁罗汉”（宋）最早，然后是白鸡冠（明）、半天腰（明）、大红袍（清中叶）、水金龟（民国初年），但现今的习惯排列却是以大红袍为先。

说大红袍，不得不说发现大红袍岩韵并明确留下文字记载的第一人——乾隆。在200多年前的某一天，“一日不可无茶”的清乾隆皇

帝，在位时曾纳贡到半斤大红袍，倍加珍重，品后诗兴大起写下《冬夜烹茶诗》曰：“就中武夷品最佳，气味清和兼骨鲠。”骨鲠即岩韵，乾隆这句诗正抓住了大红袍的根本特点，是悟出“岩韵”的第一人。

清朝道光年间，著名学者郑光祖撰写的百科全书《一斑录》云：“若闽地产红袍建旗，五十年来盛行于世。”不仅填补了清代关于大红袍文字记载的空白，也说明大红袍在清初已名扬天下，而记述在铁罗汉、白鸡冠之后，属五大名丛后起之秀，盛名之下颇多传闻，耳食之言。

大红袍得名有诸多典故，归纳起来有“婆婆神茶说”“皇后治病说”“县丞祭茶说”等等，其中最具历史性、逻辑性的就是“状元报恩说”。相传古时，有一穷秀才上京赶考，路过武夷山时病倒在地，幸被天心寺老方丈所救，泡了一碗茶给他喝，病就好了。后来秀才金榜题名，中了状元，还被招为东床驸马。一个春日，状元来到武夷山谢恩，老方丈陪同他前往九龙窠看治好他病的茶树。只见峭壁上长着三株高大的茶树，枝叶繁茂，吐着一簇簇嫩芽，在阳光下闪着紫红色的光泽。老方丈说此茶炒制后收藏，可治百病。状元听了要求采制一盒进贡皇上。第二天，庙内烧香点烛、击鼓鸣钟，召来大小和尚，向九龙窠进发。众人来到茶树下焚香礼拜，齐声高喊："茶发芽！"然后采下芽叶，精工制作。状元带了茶进京后，正遇皇后肚疼鼓胀，卧床不起。状元立即献茶让皇后服下，果然茶到病除。皇上大喜，将一件大红袍交给状元，让他代表自己去武夷山封赏。一路上礼炮轰响，火烛通明，到了九龙窠，状元命一樵夫爬上半山腰，将皇上赐的大红袍披在茶树上，以示皇恩。说也奇怪，等掀开大红袍时，三株茶树的芽叶在阳光下闪出红光，众人说这是大红袍染红的。后来，人们就把这三株茶树叫作"大红袍"。有人还在石壁上刻了"大红袍"三个大字。从此大红袍就成了年年岁岁的贡茶。

据天心永乐禅寺住持泽道法师说，"状元报恩说"原记载于《天心寺志》，后来寺志失传于民国战火，便由天心永乐禅寺僧人口头代代相传下来。流传更广的趣味说法是：每当采茶之时，要焚香祭天，然后让猴子穿上红色的坎肩，爬到绝壁的茶树之上采摘茶叶，广东人称猴子为“马骝”，所以广东话把这种猴采茶称为“马骝茶”。

故事虽是传说，但大红袍树也真实存在至今。那大红袍生长在哪里呢？它长在武夷山的一条峡谷里，这条峡谷有九条像巨龙一样的谷崖，依次分成两列并排成错落的山峰，故取名为九龙窠。由此往东可至天心岩，岩下有武夷山最大的佛教寺院——天心永乐禅寺。

峡谷崖壁上，泉水飞流直下，滋润着这些茶园的百年精灵们，特殊的自然环境，造就了大红袍的特异品质。1913 年，天心寺住持觉思和尚大力宣传岩茶名丛，从此大红袍身价倍增。大红袍如此珍贵缘于它的产量极少，1921 年蒋希召在《蒋叔南游记》的第一集《武夷山游记》中写道：“如大红袍，其最上品也，每年所收天心不能满一斤，天游亦十数两耳。”

如今，仅存的六株原生态大红袍母树，坐落于九龙窠半山腰一处，受国家保护。《中国名茶志·福建卷》中有篇林馥泉写的武夷岩茶文章，其中记载："得寺僧信任，看到最后一棵大红袍真本在九龙窠的岩脚下，树根终年有水依岩壁涓涓而下，树干满生苔藓，树极衰老。"可见，在岩岩有茶的武夷山，"大红袍母树"原先并非只在一处。

武夷山大红袍是中国茗苑中的奇葩，素有"茶中状元"之美誉，乃岩茶之王，堪称国宝。茶之珍贵，采制更加不易。大红袍母树于明末清初发现并采制，距今已有近400年的历史，历代都是贡茶，名副其实的传统茶王。古时采摘大红袍，需焚香礼拜，设坛诵经，使用特制器具，由名茶师制作。新中国成立初期，大红袍在采制期间有驻军看守，制作过程中的每道工序都有专人负责并在称重后签字，最后加封完毕由专人送呈当地人民政府。

在名丛中，大红袍成名较晚，却声望最高。2012年，大红袍茶树品种通过审定，成为福建省优良茶树品种。从传统品牌到现在主打品牌，大红袍已成为武夷岩茶的代名词，是武夷山的第二张名片。1964年经福建省茶叶研究所安排，僧人、技术人员齐上阵，剪枝正本母树上各十株带回研究，用了30年的时间繁殖、栽培成功，这是武夷岩茶大红袍无性繁殖的开始。直白地说，就是现在人们能买到大红袍的根源。

2006年5月，武夷山市政府决定停采留样母树大红袍，实行特别保护和管理，从此大红袍母树茶叶就成了“绝品”。2007年10月，一个特殊的收藏仪式在紫禁城外的中国国家博物馆举行。这次被收藏的宝贝，是最后一次采摘自福建武夷山350年母树大红袍的20克茶叶。将茶叶作为藏品，这对于专事收藏具有重大历史文化价值藏品的国家博物馆来说可是头一遭。而武夷山大红袍之所以会被国家博物馆郑重收藏，不仅是因为母树大红袍不再采摘，更是因为以它为代表的乌龙茶，在中国乃至世界茶叶史上都有着极其深远的影响，是我国茶文化的重要载体，实乃无价之宝。

母树大红袍

九龙窠的六株茶树
长在岩壁上
坚硬的石包着柔软的心
狭小的空间
隐匿着三百多年的繁茂生命

紫红色的嫩叶
远远地摇着纤细的手
它们浮于深山，却可行走天涯
伟人赠茶，战士守茶
如果给传说敷上一些光晕
那就是美丽的取景框

1385年，一个名叫丁显的秀才
用红袍加身的故事
把叶芽的呢喃
演绎出武夷天心的“茶禅一味”
前世的果，终于开出今生的花

曾经的三株茶树
暗藏着自己的天姿
剪下的枝条
插满三坑二涧
似乎每一个不发芽的日子
都是对树和阳光的辜负

香幽熟厚，七泡余香
神化的岩骨花香
这一切都是
太阳晒在岩壁上的味道

高处的茶和身体里的香
都要逃出烂石的黑暗
那是岩韵，镶嵌着时间里的魂
为生而死，也为死而生

道骨仙风：白鸡冠

“神农尝百草”之外，你知道最早的种茶人是谁吗？

据《四川通志》卷四十记载：“汉时名山县西十五里的蒙山甘露寺祖师吴理真，修活民之行，种茶蒙顶。”他是中国乃至世界有明确文字记载的首位种茶人。在西汉时期，他发现野生茶的药用功能，在四川蒙顶山种下第一棵茶树。

“种茶始祖”吴理真，号“甘露道人”，也就是道家学派之人。这冥冥之中，就注定了中国道家与茶的不解之缘。距离蒙顶1588千米的武夷山，不仅用奇妙的水土孕育出独一无二的武夷岩茶，同时也用一种开阔的胸襟接纳了中国道教文化。

武夷山在清以前是道教名山，作为道家的第十六洞天——升真元化洞天，武夷山奇峰深处的止止庵曾是道教南宗五祖之一白玉蟾修行的地方。“两腋清风起，我欲上蓬莱”，这是道观住持白玉蟾在止止庵内写下的佳句。由此，人们推测800年前白玉蟾发现并培植出武夷名丛白鸡冠，其原产地就在止止庵道观白蛇洞。

武夷道教“天人合一”的精神内涵，自然就把武夷茶看成修道养性的一种精神载体，融入道教文化的生命流程。相对于武夷山永乐天心寺的“佛茶”大红袍，白鸡冠是武夷山唯一的“道茶”，以其独特的调气养生功效成就了第十六洞天“道茶”之尊的地位，从而登上五大名丛的金榜。白玉蟾在《茶歌》中这样写道：“味如甘露胜醍醐，服之顿觉沉疴苏。身轻便欲登天衢，不知天上有茶无。”意思是说，我想要成仙，可是天上要是没有茶，那还不如不成仙。

《闽茶说》一书对白鸡冠母树有两种说法，一说在止止庵，一说在鬼洞；台湾茶人池宗宪

在其著作《武夷茶》中认定白鸡冠原生地在止止庵白蛇洞口；著名茶叶专家陈椽所写《茶树栽培学》中讲“单丛奇种”时提及：“著名者又曰名丛，如九龙窠之大红袍、磊石岩之白鸡冠……”似有以磊石岩为白鸡冠原产地之意。但无论是哪一种传说，都意在指明白鸡冠的来历不凡，历史久远。远到可以成就一个传说，成为一段传奇，而传奇之中又似有真理。

据说，古时候武夷山有位茶农，拎着大公

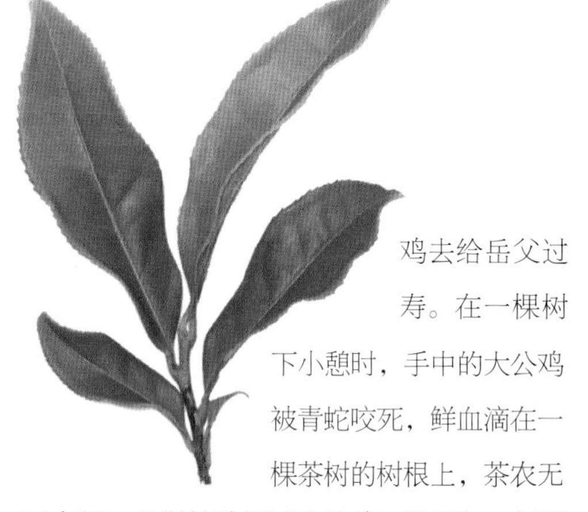

鸡去给岳父过寿。在一棵树下小憩时，手中的大公鸡被青蛇咬死，鲜血滴在一棵茶树的树根上，茶农无可奈何，只得就地埋了大公鸡。殊不知，打那之后，这棵茶树长势特别旺，叶子也一天天地由墨绿变成淡白，香飘数里。以其制成的茶叶，米黄中呈现出乳白色，泡出的茶水亮晶晶的，这便是武夷名丛“白鸡冠”的由来。

作为岩茶五大名丛之一，武夷山关于白鸡冠得名的说法有不少，主要有“山鹰斗鸡说”“鸡冠治恶疾说”等，但基本上都着眼于茶树与大公鸡的渊源。

事实上，白鸡冠的诞生早于大红袍，在明代时已为进贡的上品，名闻遐迩。“朝廷敕寺僧守株，年赐银百两，粟四十石，每年封制以进，遂充御茶，至清亦然。”当时，武夷茶主要是绿茶，即武夷松萝，绿茶是非常讲究赏色的，有赏色闻香之说。人们泡绿茶一般都是用白玻璃杯泡，目的是为了看颜色，当然看形状也是一个目的。白鸡冠的出现完美契合了这一时代的品茶特征，故后有清代才子袁枚认为武夷山顶上之茶“以冲开色白者为上”。

在武夷五大名丛里，白鸡冠是一异类，辨识度极高。但因产量稀少，白鸡冠一直被蒙上一层“养在深闺人未识”的神秘面纱，类似老虎中的白虎，十分稀有。明代许次纾曾说：“余尝尽天下名茶，以武夷、虎丘第一。”

白鸡冠最大的特点就是叶色淡绿，绿中带白，芽儿弯弯又显毫，白鸡冠的形态就像白锦鸡头上的鸡冠，故名白鸡冠。其颜色具有“鹤立鸡群”的优势，而武夷乃至中国的茶树，叶子大都是墨绿色的。若行走在武夷茶山，你未必能一眼认出水仙、肉桂、大红袍的茶树，却一下子就能看到白鸡冠。即使隔着百米远，那抹嫩黄色依旧醒目，外形与众不同，难以做假。它的叶子先由墨绿变成淡绿，由淡绿又变成乳白。到秋天，茶树枝头叶子会变成米黄，透含着一层淡白，枝干上深绿色的叶片还镶有金黄色锯齿叶边，观赏性极强。

为何白鸡冠模样如此独特？相传明朝年间，武夷慧苑寺有一位为人和善的僧人，人称“笑脸罗汉”。一日清晨，笑脸罗汉来到焰岗茶园锄草，锄至岩边茶畦时，遇一只凶猛的山鹰在捕捉白锦鸡。罗汉见此状救下了白锦鸡，白锦鸡却因伤势过重死了，罗汉便将白锦鸡埋在茶园里。来年春天，奇事出现了。埋白锦鸡的地方长出一株与众不同的茶树，茶树叶子绿中带白，叶子片片往上向内卷起，形似鸡冠，便由此得名“白鸡冠”。这便是有名的“山鹰斗鸡说”。

观白鸡冠的内质，其含有茶多酚、咖啡因、脂多糖等，饮后使人发汗，排尿迅速，身心通泰。在武夷山的仙风道骨中，故为“药汤”；在现今茶行市场里，故为“金贵”。

翠色妖娆：半天腰

人在九曲溪竹排中，思绪已在山间游荡。三花峰之第三峰绝对崖上，相传从清末开始，就有一种神奇茶树，在云雾缭绕的山腰间，繁衍生息。

较之令人不解的生长环境，更让茶人们云里雾里的是它的茶名。在《武夷岩茶名丛录》的作者罗盛财笔下，“半天妖，原名半天鹞，又名半天夭、半天腰”。四种不同的复杂命名，看似杂乱丛生，实则内有乾坤。

武夷山多数名丛的起源传说都有浪漫的神话色彩，半天妖也不例外。古时的武夷山，有一种名为“鹞”的飞鸟生存，喜欢采食茶籽。它们时常在各大茶园来往，将啄食的茶籽衔到三花峰的驻地上，留起来慢慢享用。就是这种被“鹞”无意散落在半山崖的茶籽，在武夷沙砾丛生的特殊环境里形成茶树。因地势原因茶农不便管理，经历若干年，茶树自由生长。后来被天心庙樵夫砍柴发现，回来告诉住持，从此由天心寺院采制，自成佳茗，颇得茶客称奇，由此得名“半天鹞”。新中国成立后，崇安县（现武夷山市）茶叶局刻“半天鹞”三字于岩崖。

此外，还有一个名字叫作“半天腰”，一听这茶名，就知道与地域形态有关。据武夷当地茶农介绍，“半天腰”之所以会成为岩茶茶名，实际上是因为武夷山民间极流行的一句俗语，认为这种树“处在很高的位置上”，一般人难以到达，故得此名。

实际上看，“半天腰”茶树原产于九龙窠三花峰的半山崖上，终年受云雾雨露滋润，远离地面污染，常被认为是武夷最好的生态茶。在通向其母茶树的路上，必须从三花峰两岩 0.4 米宽夹缝侧身往上爬，有的人为攀登此峰还特地带上 3 米长木梯，反复多次才能攀登而上。

置身于此，宛若悬空，一不小心便跌入万丈深坑，真是应了一句古话：富贵险中求。林馥泉《武夷茶叶之生产制造及运销》一书记载："当时调查武夷山茶树品种中之最费力者，在三花岩岩脚，仰瞻绝崖，咋舌说，半天妖道地半天妖也。"它是目前武夷山所有名丛生长地中最高、最险的一处。

此岩茶又有一名叫"半天妖"。不同于第一种说法，这里认为茶为人所栽植，却充满了聊斋色彩。据当地人介绍，三花峰曾有个道观，

观里的道士在三花峰的半山腰上开辟出了一小片茶园。有一年采茶季，有位采茶女在陡峭的山崖上偶遇狐仙，不慎惊吓坠崖而死，化作妖精。此后，每年妖精都会现身茶园继续采茶，只有三花峰的老道士才可识破。所以，产自三花峰半山腰上的茶叶，都经过妖精的触碰，便得名“半天妖”。

其实，无论是半天鹞、半天腰，还是半天妖、半天夭，都属谐音所误，但不难看出其中有个非常重要的共同点，那就是此岩茶的生长环境与“半天”这样高海拔的岩崖环境密切相关。

武夷山栽种的茶树，品种繁多。万般花丛中，再择优排名，竞争激烈程度不亚于水泊梁山上 108 位好汉的座次排名。在 20 世纪 40 年代茶学专家林馥泉《武夷茶叶之生产制造及运销》书中，起初“四大名丛”中半天腰并无上榜。当时具备领跑资历的武夷岩茶四大名丛，是大红袍、铁罗汉、白鸡冠、水金龟，奠定了无法撼动的地位。“武夷名丛半天腰，似兰似桂似香橼。杯小能尽长江水，甚羡九曲采茶人。”

干茶条索紧结，色泽绿褐稍润，香气馥郁似幽香，滋味浓厚回甘、岩韵显，汤色橙黄，叶片柔轻，绿叶红镶边。半天腰以优质的茶树品质，终位列“五大名丛”，被广为传颂。

半天妖

假如你有翅膀
一定会站在崖顶
举着头上的嫩芽
对着云朵炫耀

那只白色的飞鹞掠过
你永远被遗忘在半山腰
不上不下，不高不低
成了你坚定的站姿

在一座山
连绵不绝的翠色里
留取你身体内丰厚多变的香气
你认定自己
有着前世的妖娆

一直拒绝直射的阳光

从你身上扫过

把心中的坚持

揉捏成一朵朵卷曲的云

你对着雨，也对着我说

只有在半山上

才可以安静地观赏风景

当乌黑的条索躺进茶壶

用沸水唤醒往事

静静的午后

在滴落的茶汤里

我还是听见了淡淡的叹息

水金龟 千金得名

1919年至1920年，天心寺与磊石寺对簿公堂，双方据不退让、耗资巨大，茶之名声亦扬名清末，令水金龟成为武夷山人啼笑皆非的“官司茶”，国民党议员施棱曾慨叹并题字“不可思议”，石刻于牛栏坑山崖之侧，流芳百世。

水金龟，武夷山如数珍宝的岩茶名丛之一。百年前，深藏于山中的一座佛教名刹，天心永乐禅寺视其为茶中珍品。于是，请石匠专门为它砌石座、定期浇水施肥、悉心照料，所产之茶品质优异，仅次于大红袍。岂料天公不作美，清末时，武夷山突如其来一场暴雨洪流，水金龟茶树连根带泥被冲至崖下牛栏坑的一个兰谷岩处，被磊石寺僧人发现，遂请石匠设阶砌筑石围，雍土蓄之，视若珍宝。

一夜之间，水金龟易了主，双方为此归属争执不休、官司不停。直至新中国成立前夕，法官以此树非人之盗窃，实系天然力所造成之由，将名丛水金龟判给了磊石寺，此事方才画上句号。自此“水金龟”声名大噪，列入武夷传统五大名丛。故茶叶专家罗盛财在《武夷茶经》书中记曰：“水金龟，武夷山传统五大名丛之一，原产牛栏坑杜葛寨之半崖上，相传清末已有此名。”这段公案也在林馥泉先生的《武夷茶叶之生产制造及运销》中早有记录，而它也间接证实了水金龟的名贵。

尽管无辜地卷入了一场官司，却也造就了一段佳话。于是，后关于磊石寺的水金龟传说在民间流传甚广。据说，天宫仙茶园中的老金龟，被人间虔诚的茶礼所感动，化身为一株枝叶繁茂的茶树，在牛栏坑头杜葛寨兰谷半岩扎下了根。后被寺庙深知天理的老方丈发现，礼

待有加。为报恩情，老金龟所变的茶树越长越旺，其绿叶在阳光的照射下，模样宛如金色之龟。而这棵茶树所制的茶品，即被命名为“水金龟”。

单从名字看，水金龟一茶着实有些敦厚沉实之感。反之，它最大的内质则是清润优雅，以“水”定性却也相宜。

水金龟属半发酵茶，有铁观音之甘醇，又有绿茶之清香。在岩茶之中，水金龟是很特别的。区别于大部分岩茶的兰花香，它有梅花香。兰花香重在一个“幽”字，幽兰香风远，仿若引着你到深山里去把她寻；梅花香重在一个

“清”字，香得烂漫，偏又庄重，还带几分清高。“梅花香自苦寒来”，不断努力、修炼，经历困难，就算没人欣赏也是香飘一方。水金龟口感与其他岩茶相比，更趋向柔和饱满，汤色具有张力。成茶最大的特点有两个，一个是梅花香，一个是茶汤水性特别柔顺，是传统五大名丛里极具亲和力的一款。

水金龟

在植物王国

一株茶树

有动物的名字

也许不是一种偶然

长圆形的叶身

如春波闪现

嫩叶织成一匹抖动的绸缎

崖石上盘踞着一只饮水大龟

这是她的姿态

金龟牵动，群山环抱

在宋代

茶和武夷之间

就有一个单独的故事

一场倾盆大雨

让许多人流落街头

暗夜里

一株奇丛突然改换门庭

从此长居坑底

一场不可思议的官司

让岩韵也四处留芳

贴近大地的事物

整整一生都在仰望

千里之外有笛声响过

能做的就是春风里发芽

让梅之清香

成为时间的替身

铁罗汉 赐梦成茶：

“罗汉”是梵名，也指印度佛陀得道弟子修证最高的果位。为何在遥远的中国武夷山上出现了一个叫“铁罗汉”的茶名？这得从宋代茶史说起。

宋代是中国历史上茶文化最鼎盛时期。范仲淹在《和章岷从事斗茶歌》中提及：“北苑将期献天子，林下雄豪先斗美……斗茶味兮轻醍醐，斗茶香兮薄兰芷。”独有的斗茶盛况在朝野乃至民间流行开来，“蒸青绿茶”成为此间的座上宾，主要的产地就在福建武夷山一带。可以想象，那些茶芽从武夷山头摇身一变成为茶人手中较量的白面绿底茶汤，内心自然多了几分敬佩与惊叹。在此，武夷茶得到前所未有的发展，不仅成为朝廷贡茶，也开始拥有别具匠心的茶文化内涵。

说铁罗汉是最老的名丛，大致是因为铁罗汉的命名早在宋朝有之，据《闽产录异》记述：“铁罗汉、坠柳条，皆宋树，又仅止一株，年产少许。”究其来源有三种说法，这里就不一一列出了。

最经典的就是“罗汉赐梦插枝成茶”的故事。天上某一年的中秋之夜，王母娘娘设宴款待五百罗汉，仙宴非常隆重，菜肴十分丰富，喝的是天宫琼浆美酒。五百罗汉都喝得晕乎乎，管“铁罗汉”的罗汉不小心把枝给弄断了接不回去。“铁罗汉”断枝掉落凡尘，至武夷山的慧苑坑内，被一位老农捡了去，栽在了土里，由此得名。但故事里的事，说是就是，不是也是，可见铁罗汉之珍贵。

论名丛品种，更论山场，拼的就是俩字：“出身”。铁罗汉母树原产于正岩顶级山场，三坑两涧中的慧苑坑内鬼洞、竹窠处，可谓出身名门。茶树形态颇具历代贡茶特色，根据名丛专家罗盛财《武夷岩茶名丛录》记载，铁罗

汉植株高大、分枝较密，叶片为长椭圆形和椭圆形，叶色呈绿色有光泽，春茶适采期4月下旬末，种质基因和适应性突出，抗旱能力和抗寒性强。1943年林馥泉调查记录的武夷山慧苑岩茶树花名表（280个品种）里，排在第一位的就是铁罗汉。

一如其名，作为武夷珍贵的五大名丛之一，铁罗汉以刚烈浓郁的品性立足乌龙茶江湖数百年。传说有待考证，确定的是，铁罗汉是武夷山最早记载的名丛。茶树生长于峡谷地带的小溪边，冲破岩石的阻挡，于缝隙中顽强生长，这是罗汉铮铮铁骨的表现。也因此，品饮铁罗汉香气香型独特、浓郁悠长，滋味浓厚鲜清、岩韵显。清代周亮工认为，此茶特性在岩茶中最适宜陈放，著《闽铁罗汉曲》曰："雨前虽好但嫌新，火气未除莫接唇，藏得深红三倍价，家家卖弄隔年陈。"

铁罗汉又因特殊药用而闻名海内外。传说

历史上闽南惠安县有个叫施大成的商人开了个施集泉茶庄，在 19 世纪中叶售卖武夷岩茶，以“铁罗汉”最为有名。在 1890 年至 1931 年间，惠安县发生两次时疫，患者服用施集泉的名丛铁罗汉后，得以痊愈。因此，百姓把茶比作罗汉菩萨救世人，又因色泽青褐如铁得此名，这便是传闻中的另一种说法。

说法不一，趣味相投。但不可否认的是铁

罗汉的药用价值，在我国已有 2700 年的历史。现代科学大量研究证实，“铁罗汉含有 3%—5% 的咖啡因，与阿司匹林成分相类，陈年铁罗汉有治疗感冒牙疼的功效，冬季不妨多尝试铁罗汉”。铁罗汉药理功效之多，作用之广，是其他饮品无可替代的，万“花”丛中实属第一。

铁罗汉

天空没有绳索
一株神奇的茶树
从天而降
却因此有了自己隐忍的根系

壮实的树型
长叶的手指
根在吮吸着石头的岩骨
和飞鸟、白云、流水最近
他强大的内心
摇荡着春天的香气
饱满的叶片
突然有了千年的皱纹

中秋月圆之夜
空气薄如刀刃
那个醉酒的罗汉
跌跌撞撞中的遗落
慧苑坑里一位老农

有了梦中的劳作
让茶色如铁
陈年了就是一剂良药
可以治愈感冒和伤心

有时候面对一杯茶
就能看见自己
风穿过松林
内心所有的坚硬
都将从叶脉涓涓流出
在岩石下堆积起来
化成梦里溪流的叮嘱

第二章

豪门内斗

白牡丹

茶中娇者：

在武夷山有个美丽的传说，相传从前王母娘娘生了个金童，要在武夷山玉皇楼办满月宴。天上各路仙女忙着练歌练舞庆宴。宴会佳期，仙女们赶往玉皇楼途中被武夷山的景色所吸引，其中年纪最小的茶花仙子，流连忘返于茶园的山光水色中，误了宴会，受了惩罚。宴会结束时，茶花仙子回天庭途中又见武夷茶园欢声笑语，心中不免委屈，心想不能生在凡尘，也要为人间增添姿色。于是将本要带回天宫的茶花向武夷山撒去，刹那间，花瓣凝聚长成一株茶树，这棵茶树有个美丽的名字叫作“仙女散花茶”。在武夷名丛中，以花为名的品种颇多，什么素心兰、白月桂……争奇斗艳。

说到牡丹，爱花的朋友就会联想到远在洛

阳那朵雍容华贵的牡丹花，又红又香。红牡丹自有它的妖艳，那白牡丹呢？自是纯洁无瑕。“谷雨洗纤素，裁为白牡丹。异香开玉合，轻粉泥银盘。”在文人雅士的眼里，白牡丹虽不够艳丽，但别有一番韵味。

福建历史上出现过两种名优茶品，借“花中之王”一名，皆为“白牡丹”。六大茶类中，白茶亦有上品“白牡丹”，绿叶夹着银白色的毫芯，形似花朵，尤其在冲泡后，宛如蓓蕾绽放，被戏称为白茶中的舞娘。盛产此茶的政和，恰有武夷山的余脉，鹫峰山脉横贯县境东部。

连绵的山脉上，政和白茶和武夷岩茶一起，构成了南平特有的茶山景致。景区内，马头岩的崖石下则是磊石道观，盛产于此地的肉桂在业界颇有名气，从这再往悟源涧的方向走，被称作毛丝窠与弱丝窠的地方，还有成片的老枞水仙。

马头岩又名马头峰，因形似马头而得名。

旁有磊石岩，像五匹奔驰的骏马，又叫“五马奔槽”。附近还有马鞍岩、铁郎寨、磊石庵、凝云观等。北可至天心，南可达天游，东可穿马子坑至游览干线或至武夷宫、兰汤。其实解读马头岩，一个关键词足以，乃是“正岩山场”。正岩二字一出，就是烫金的牌匾，无须多言，便知身份不凡。在这片卧虎藏龙之地，马头岩水洞口，百年的武夷白牡丹树，依旧诉说着古老的故事。

世人皆知白茶白牡丹质朴纯雅，却不知武夷岩茶白牡丹清丽贵气，岩骨犹存。武夷岩茶中的白牡丹是武夷十大名丛之一，为六大茶类的青茶。深谙武夷名丛的茶人一定常听到大红袍、白鸡冠、水金龟，却少有耳闻白牡丹，因为其种植面积不大，制优率不高，常被直接归到了大堆里，所以很多茶人也不懂这款茶。

罗盛财在《武夷岩茶名丛录》中记录：白牡丹，原产马头岩，兰谷岩也有齐名之树。开采季在 5 月上旬初，制乌龙茶，条索紧结。色泽黄绿褐润，香气浓郁悠长似兰花，滋味醇厚甘甜，岩韵显。秉承岩茶的傲骨，白牡丹的扦插繁殖力强且成活率高，抗旱抗寒性强，生命力强韧，丝毫没有花之牡丹般柔弱。

武夷白牡丹，甚至不像乌龙茶。武夷白牡丹为灌木中叶种茶树，这种茶树的鲜叶内质肥厚、外壁坚硬，只能采用武夷山独有的制茶方法。在岩茶中，白牡丹的发酵偏轻，造就其干茶条索紧结，色泽绿褐稍显黄，有少量卷曲形状，香气浓郁悠长，滋味较醇浓回甘，叶底较

肥厚。

其实要说武夷白牡丹与花全无关系，也并非如此。武夷白牡丹茶，在传统加工上出现的玫瑰花香，显得极具特点。细闻干茶，淡淡的玫瑰花香，悠悠地钻入鼻间；泡入滚水，贵气的玫瑰花香扑鼻而来，浑厚里充满淡雅，岩韵特别，颇有几分“怜香惜玉”的感觉；揭盖品饮，汤色格外金黄，汤质虽说不上厚重，却有饱满的感觉；啜上一口，满腔的玫瑰花香沁人心脾，浑身都浸润着玫瑰的芬芳。故有美誉，牡丹是花中魁首，武夷白牡丹是茶中娇者。

茶中隐太极：不见天

千沟万壑间，散落的422幅摩崖石刻，是武夷山景区随处可见的独有景致。跨越1700多年的文化遗存中，格言、游记、楹联……先民的智慧仍清晰刻画在山水间。其中，装点山水的题名，欣然成为众多武夷名丛的溯源。

九龙窠是一个神奇的峡谷，也是武夷山最主要的名丛产茶区，一片树叶的独特韵味由此蔓延。九龙窠为茶叶名丛大红袍原生地通往天心岩的一条深长峡谷，俗名大坑口。峡谷两侧峭壁连绵，逶迤起伏，形如九条龙。人们遂把峡谷喻之为游龙的窠穴，故得此名。九龙之间呈现一座顶部略呈圆形的小峰峦，称为龙珠，故又称九龙戏珠。沿着幽谷铺设了一条石径，两侧涧水长流，茶园碧绿，芳香沁人，景色优美。

翻越山坡，路过晚甘亭，这里离母树大红袍只有 230 米的路程。抬眼间，不远处摩崖上仅有几株茶树的地方，留有奇观“不见天”石刻，豁然挺立。在九龙涧的小道边有奇岩，上突下嵌，面东背西。山泉在其下展成瀑，聚为潭，古之山民在岩下种茶数株。文人墨客喻之为“不见天”，后有喜弄墨者便刻字于其旁。

除此之外，出峡平旷之处的岩壁上凿满包括“晚甘侯”（武夷茶的拟人化美谥）以及历代名人题咏武夷岩茶的摩崖石刻。其中有北宋范仲淹、南宋朱熹的咏茶名诗以及清代崇安县令陆廷灿的诗作。陆氏诗句云：“桑苎家传旧有经，弹琴喜傍武夷君。轻涛松下烹溪月，含露梅边煮岭云。醒睡功资宵判牒，清神雅助昼论文。春雷催茁仙岩笋，雀舌龙团取次分。”峡谷的两边崖壁还刻有其他咏茶的摩崖石刻数方。

以茶树生长环境命名的“不见天”，就在武夷正坑大红袍母树旁的九龙涧峡谷凹处。八株百年老树，因生长于与地面呈 45° 的陡峭山崖下，面东背西处终日极少阳光照射，故得此名。以地域命名，则使人难知茶之形、色、气、味，而最易于掩饰其奥秘。因此，“不见天”为武夷佳茗一奇观，安静、孤独是它的性格特征。

一片片狭长柔韧、叶薄多黄的绿叶，用隐忍和执着，向着崖外的天空伸展它们的渴望。据当地茶农介绍，茶树一天之中只有十几分钟的日照，多为上午，其他时间这里都看不到阳光。加之空气清新，阴凉湿润，享“高山之阴，日阳之早”。所以这茶的味道和其他岩茶存在不同。

不见天与名茶大红袍同属一个产地，且品质优异，被誉为“茶中隐太极”。中国传统文化中，天和地组成了众生世界，阴和阳作为其中平衡点奠定着整个文化根基，比如天文、医药、宗教等等。而“不见天”这种茶，生长之地无阳光属于阴，而岩茶焙火之功是为阳，阴阳的平衡就在茶汤内体现得细腻而完美，香气淡雅，汤色尚浅，满口留香。

茶有茶性，纵观其生长环境和总体滋味，不见天应是比较阴柔的茶，但在细细品尝之后，不难发现，在其谦和淡然的外表下，隐藏着坚韧的阳刚之道。水路的细腻柔滑与岩韵的挺隽坚韧交织，不再分得清你我，而是成为一种你说不出而又挥不去的情愫。

因而，在武夷三坑两涧 136 种岩茶中，不见天实属“孤品”。

不见天

行人路过的时候
你总是低头
那些习惯了没有太阳直射的脸颊
是不是总是忧郁的

半斜的山　岩壁上伸出的小手
将日头挡在时间之外
似乎只有你
能摸到陌生人的掌心

隔离阳光的光阴
脚步声来回思索
一颗心终究
发芽在每个春天里

当月光飘过叶面
晚霞倒映　山谷恬静
一株不见天的树
听得到沙枣花香

俯仰之间
我看见了溪流中的天空
有时候影子也是自己的风景
在潮湿的时间里
高仰着头

茶洞传奇：瓜子金

什么是“瓜子金”？在浙江，它是一种多年生草本植物，民间经常在春夏秋三个季节进行采摘，佐以入药。

福建亦有“瓜子金”，是武夷珍贵名丛之一。岩茶的名字充分体现了武夷山茶农的创造与智慧，而茶树叶形状态，成为人们追溯舌间茶味之外的又一种视觉体验。岩茶瓜子金，其树植株中等，叶片呈水平状着生，分枝密，芽叶淡紫绿色，叶小形似瓜子，阳光下金光闪闪，遂称“瓜子金”，武夷“科班”出身，编号201。

武夷岩茶和葡萄酒一样，品质最主要的影响因素就是生长环境。正如沈涵在《谢王适庵惠武夷茶诗》中形象地描述道：“香含玉女峰头露，润滞珠帘洞口云。”得天独厚的地理环境，造就了武夷岩茶的弥足珍贵。

相传，瓜子金原产于北斗峰，天游峰亦有同名之树。北斗的起源已无从考究，天游峰下的“茶洞”，成为瓜子金的溯源。天游峰下，五曲有“茶洞”，徐霞客曾称赞此洞“四山环翠……比天台之明岩更为奇矫也”。此洞又名玉华洞、升仙洞，相传武夷山第一株茶树就长在洞中，素有“甲于武夷”之说。

离登天游峰台阶不远处有一石碑，上刻“茶洞”二字。茶洞最北面，有一仙浴潭，从天游峰顶跌落下的雪花泉就汇集在这里，相传该潭曾有仙女在此沐浴。茶洞所在之处别有洞天，面积不大，四周诸峰环抱。据说处于洞中，犹如在井底，仰视天际只见青山一片，洞之深险非同一般。故前人称茶洞有“峥嵘深锁”之意境，并留下摩崖石刻。至宋代刘衡、明末黄道周、清朝董天工等曾隐居于此，有留云书屋、望仙楼等遗址。洞前皆辟为茶园，青翠嫩绿，生机勃勃，与长满杂草的遗址形成强烈对比。今洞里仍有一片沧桑斑驳的古茶树。

关于茶洞，还有一个古老的传说。相传从前，武夷山住着一位采药为生的老人，他为当地百姓医病只收成本从不要高价。有一年夏天，村里生病人数剧增，老药师用完了所有储备的草药。老人很着急，于是不顾烈日的暴晒，上山采集草药。一天，老药师采药的时候，发现一座清秀的山谷，这里溪水潺潺，草木碧绿。老人抬头望去，发现在峭壁上长着一株稀有的

药材，他手抓古藤，攀登而上，眼看着就要采下草药来，不料体力不支，从山上滚落下来。不知过了多久，一位童颜鹤发的仙人乘坐仙鹤来到昏厥的老药师身旁，仙人向老人介绍：“我是武夷山中的‘仙鹤真人’，知道你平时心地善良，为百姓采药治病。见你遭遇为难，前来相救。”说完，仙人把老人扶上仙鹤，一同回到仙洞。仙人从仙洞中取出一只青葫芦，倒出一杯琼浆给老人。老人喝下之后，香气冲喉，立刻觉得神清气爽，浑身的酸痛消失不见。仙人告诉老人：“这是仙露茶，具有提神、解暑、止痢等功效。”说完，仙人领着老药师来到茶园，从茶树中剪下数条枝条，叮嘱老人，回家之后将茶树枝种在土里，即可成活。临走前，老人还摘下几片仙茶树的茶叶，带回去给村民治病。老人根据仙人的指示，把仙茶树移栽到石洞前。村民为了纪念仙人的功德，把这个洞叫作“仙人茶洞”，后简化为“茶洞”。

因瓜子金的产地是武夷山风景区内的茶洞，所以为正岩，又因是稀有小品种，所以这种茶的鲜叶一般都交给水平较高的制茶师来制作，因此品质不会太差。

香味方面，瓜子金的干茶，条索似肉桂般纤细，有麦芽糖香气；沸水高冲开汤见盏汤色金黄，汤气飘升入鼻带甜蜜香，花香浓郁，非要具象地形容，就如同粉红烟霞一般的水彩。除了共通的岩骨花香之外，它还有自己的品种香气，这种香气比较内敛，尽数与茶汤滋味相融，坚果、熟果甜香以及类似新鲜竹叶的清香依次在口腔中出现。八泡时茶汤的稠滑度依然在线，喉韵饱满，喉底清凉，伴有米汤般的香甜与稠润感，回味悠长。

从口感上来找特质，其最特别的地方是有细腻的磨砂感觉。急啜入口甜而醇滑，水香浓郁，杯底挂杯香明显。汤色橙红明亮，第一泡茶汤稠厚度便非常高，带类似干海苔的焙火香，回甘强劲而迅速。随着冲泡茶汤稠厚鲜醇，甜度更高，是名丛中不可多得的佳品。

瓜子金

远山埋没过大地
一粒瓜子
曾塑造过天空

茶洞内长满传说
那些斑驳的阳光
投射在小小的形似瓜子的叶片上
像是洒下一地的金子
被命名的事物里
可能有
未曾谋面的暗示

记忆是否深切
该是我们的舌头
米汤般的稠润
也有白天摇荡的身影
我对它的鉴别也是
你对我的鉴别

当叶子不再呼吸时
茶和美留了下来
金光闪闪的叶片
排演着一场涅槃重生的大剧
叶的身影被时光无限拉长

掌心的语言
从不害怕炭火的烘焙
那些天　我为此
找了无数理由
拒绝让一粒瓜子掉到地板上

金柳条

茶中贵族：

“碧玉妆成一树高，万条垂下绿丝绦。不知细叶谁裁出，二月春风似剪刀。”

金柳条，武夷岩茶经典名丛之一，因野生而稀有珍贵。其叶片酷似柳树之叶，细长窄瘦，枝干长满翠绿的新叶，像极了那二月江南的烟柳，故而得名“金柳条”。

灌木型，小叶种，叶色绿，稍有光，品质独特。金柳条干茶色泽砂绿，条形紧结长细，香高悠长、茶汤花香馥郁，色泽橙红，滋味浓厚鲜爽。七泡有余香、九泡有余味，幽幽的花香，芬芳扑鼻，饮之香气四溢，厚重绵滑，岩韵显，回甘怡人。久藏不坏，芬芳扑鼻，满室生香，实乃珍贵稀有之物。

金柳条最耐人寻味的便是那酷似岩茶水仙

的兰花香，岩茶水仙不仅有岩茶的岩韵还有独特的兰花香，而金柳条的香味里就藏着一抹幽幽兰花香。金柳条的兰花香，在头几泡显得特别有力，劲道十足，颤颤悠悠地飘在汤面上，无须费力地闻，只是顺着呼吸便能感觉到，故时常有人在一开始误会其为岩茶水仙。虽是如此，但金柳条的兰花香是悠远细长、若有似无的，花点心思去抓寻，你会发现它不是岩茶水仙，却也不输岩茶水仙。

据说金柳条始于宋代，今武夷山仍有分布。但查阅历史文献并没有“金柳条”一茶之说，只有“坠柳条”亦是始于宋代。清代郭柏苍《闽产录异》（1886 年）记载：“铁罗汉、坠柳条，皆宋树，又仅止一株……”因此，金柳条可能是“坠柳条”的后期别名，当指同一茶树品种。

武夷山是道教文化重镇，最早可以追溯到前秦道家人物长寿仙人——彭祖。唐代，兴建武夷宫传播道教文化，后成为我国著名的道教圣地。历代的高道真仙不仅以茶养生乐道，还将其居住之地打造为“仙境乐园”，即民间所称的“洞天福地”。道教有十大洞天，三十六小洞天，七十二福地，而这些洞天福地皆为产茶的绝佳境地。诸如现代世人熟知的大红袍，就是产于道教名山之一的武夷山。

宋代理学家朱熹，在武夷山收徒讲学、著书立说时，以茶醒心，以茶解困，以茶交友，对武夷茶情有独钟，写有《茶灶》《春谷》等茶诗。他还别出心裁地在五曲溪石上凿灶煮茶，邀友品茗赏景，畅谈咏诗。诗云：“仙翁遗石灶，宛在水中央。饮罢方舟去，茶烟袅细香。”

陆羽在《茶经》中也把茶事提炼为一种艺术，从而把人和自然统一起来。在武夷岩茶中，凡是带有“金”字的岩茶，在本地方言中通“经”字，表明此类茶能通筋活络，更胜似黄金。对预防糖尿病、高血压、痛风等有一定的功效。

明清时期，道家通常都用“金”字的岩茶，来养生、炼丹、练功通经络。而“金”代表财，有守护并带财之意。因此武夷名丛录中带“金”字的都是茶中贵族。

附

金柳条

那个在宋代叫“坠柳条”的茶树
长在回忆之处
一个充满幻觉的名字
它本身或许就是一个幻觉

砂绿到橙红的转身
卷曲的故事里有一团卷曲的火
拂面的柳叶
才是舒展的经络
有谁还站在岩壁上
随着蓝色的波纹摇曳欲坠?

回忆起作为草的一生
它鹿一样的心跳，鹿一样无辜的眼神
花香始终带着遗忘的语气

一通注入壶中的水
就是解冻的春天
云也坠下
起身拍去微尘
梦的尽头
柳枝发芽

开启佛国的钥匙：金锁匙

有人说，它质稳耐寒，性平不争，以其静雅为妙，如一把开启心锁的“钥匙”般安静地等待有缘人。

金锁匙，武夷山本地种，初听茶名便不禁联想到金子、名贵、钥匙、开启等含义。有资料显示，金锁匙的命名来自其生长环境，难道是此地有金子埋藏？再找一些资料，基本没有这款岩茶较为详细的说明，仅有一句：原产福建省武夷山市佛国岩。

武夷山最低调的正岩山场当属佛国岩了。佛国岩是武夷山九十九名岩之一，从佛应岩沿小径行 1 千米到达岩下。岩体方正，置身众佛像之中，便可感受到妙相庄严、端庄肃穆的佛教气氛。岩下有佛国寺，寺额尚存，建筑完好，现为民居及制茶作坊，春、夏两季茶叶飘香，令人心旷神怡。岩顶、岩麓辟有茶园，四周树木葱茏。1939年，茶界泰斗张天福在崇安创办福建示范茶厂，其中最主要的科研和教学基地就设立在这里。张天福发明的首台“918揉茶机”也是在这里首次使用。

相传金锁匙已有近百年栽培史，制乌龙茶，条索紧实，色泽绿褐润，香气高强鲜爽，滋味醇厚回甘，岩韵显。它作为武夷名丛中的“个性担当”，极其神秘，且可遇不可求，是拥有独到迷人的香气与岩韵的小品种，往往种植面积小，难以量产。它便是“金锁匙”，为新名丛之一，目前在市面上十分稀少。最为人称道的是，它的香气有着类似于纯种大红袍的浓锐悠长。

武夷茶对风土最为讲究，而这风土的所有玄机就在武夷山风景区这个天然“山水盆景”中。武夷山九十九名岩之中，章堂涧以北的很大一片区域属于佛国岩。

佛国岩在北，三坑两涧在南，并不是武夷核心茶产区。但与坑涧谷地不同，这一带的山场茶园都较开阔，光照充足；周边海拔较低，坑涧不如正岩幽深，但是环境和小气候也是出类拔萃的，岩顶及其周围都植有茶树；土壤与正岩类似，酸性红黄壤为主，适宜茶树生长。

岩体下青山古寺，松风隐隐，泉鸣幽幽。百年名茶金锁匙的诞生，仿佛听见玉磬的清音袅袅地藏入云中，恍惚间飘过澄明的香气，这就是名丛“金锁匙”的原产地。20 世纪 80 年代以来，武夷山市已有较大面积栽培名丛“金锁匙”。国内一些科研、教学单位有引种，现在主要分布在武夷山九曲溪沿岸。

“金锁匙”是一款惊艳的好茶。作为十大名丛之一，它的出场让人眼前一亮，第一泡便是透亮的橙红颜色，和百岁香偏黄的茶汤颜色有明显的差异，更显浓艳，培火更重。有茶友说，金锁匙的香气很难形容，闻起来像玫瑰花，又有薄荷牙膏的清香，高强又鲜爽，在岩茶中别具一格。玫瑰热情如火，薄荷清凉鲜爽，两种不同的感觉却能巧妙混合，令人捉摸不透。

入口，茶汤口感比较丰富，层次感强，混合着药香和其他香的感觉，口腔中油润而微苦，令人愉悦。静心品鉴，便仿佛找到一把开启心锁的钥匙，拨开蒙蔽，熟悉的感觉油然而生，带来身心的极大满足。虽品质极佳，但“金锁匙”的产量和制优率都很低，以至市面上很难见到其踪影。这也是令喜爱武夷名丛的人觉得遗憾的一件事。

身世之谜：老君眉

对于老君眉的记忆，开始于《红楼梦》第四十一回的那段对话。贾母来到栊翠庵，妙玉敬奉香茗，贾母对妙玉说："我不吃六安茶。"妙玉笑道："知道，这是老君眉。"短短两句家常话，叫响了"老君眉"的名号，却留下了一个疑案：老君眉是什么茶？

大家都知道，曹雪芹笔下的妙玉是个茶道高手，而这位贾府老祖宗也是相当在行，深解茶性。老祖宗认为"才都吃了酒肉"就喝致泻的绿茶，自然是受不了的。所以，妙玉在旁说"这是老君眉"，意思是告诉贾母这不是绿茶，大可放心饮用。也有人说曹公笔下的"老君眉"其实是指"白牡丹"一类的老白茶，但茶学专家庄晚芳在《中国茶史散论》中，说《红楼梦》

的老君眉茶指的就是黄茶：君山银针。于今数说，莫衷一是，老君眉身世之谜，难以考究。但可以肯定的是，能端给贾母喝的茶，必定在清朝奉为上品。

据相关史志记录，清代确有“老君眉”茶名，产自福建武夷山一带，列为茶中名品。《中国茶事大典》载：“老君眉，清代名茶，产于福建光泽……”而《闽产录异·货属·茶》中点明此茶的特性，“叶长味郁，然多伪”，外形如太上老君长眉，茶味醇厚有骨，富有变化，有阅历。

闽北人将之与大红袍、铁罗汉等并列，是武夷岩茶的名丛之一。此外，民国《崇安县新志》把清代“老君眉”记录在了武夷名丛奇种的名录之下。可见武夷岩茶中早有老君眉。

作为福建省武夷岩茶中现存的稀缺古老茶树品种之一，老君眉有几百年的栽培加工历史，它是仅适合种植于武夷山景区和自然保护区内的品种，离开武夷山的环境就失去了它的风格和韵味。

这是一款因《红楼梦》而火的茶，大多数人只听过却未尝过。据《武夷茶经》记载，老君眉原是天心永乐禅寺一寺僧选育，并单独管理采制，极为珍贵。这里的另一款名茶大红袍，以前是天心庙用来接待贵客所用，后来大红袍列为贡茶，和尚不敢做，于是就改用老君眉。1959 年，该寺僧去世，转由其弟子管理。由于多种不可控因素影响，老君眉母树没有得到很好的保护及管理，寺僧弟子只依稀记得在老君眉的树根部有五个鹅卵石相围。

1980 年，按照寺僧弟子的回忆，茶学专家耗尽人力，用了整整 2 天的时间，终于在武夷山九龙窠的杂草丛中找到了那株老君眉。那时的老君眉已经只剩下一根枝条和零星叶子，在专家的悉心照顾下，古树老君眉得以延续。现在，通过短穗扦插无性繁殖的方法，武夷山名丛老君眉的种植规模已经达到了 1000 亩，重现着武夷名丛的原真之味。

武夷老君眉外形紧结，色泽铁青油润，香气浓郁，滋味醇厚，耐饮甘爽，汤色橙黄，叶底软亮、匀齐。

滴血认亲：奇丹

前有大红袍红天下，后有奇丹茶誉五洲。奇丹，乃大红袍最初的名字。它的茶芽呈紫红色，当大面积种植时，到了茶季便可以想象，满山遍野的艳红飘摇而出。

将武夷奇丹推向风口浪尖的，是 2009 年的一次茶叶基因鉴定，使原本认定的剧情来了 180° 大转变。经过“滴血认亲”，从大红袍母本上繁衍而来的北斗，居然和九龙窠母树大红袍没有半点关系；奇丹和九龙窠大红袍母树 2 号株、6 号株，基因组成相同，是同一品种。

2012 年，茶树奇丹通过福建省茶树良种审定被认定为纯种大红袍，奇丹北斗之争尘埃落定。简言之，奇丹就是当今的纯种大红袍。

传说天心寺和尚用九龙窠岩壁上的茶树芽

叶制成的茶叶治好了一位官员的疾病，这位官员将身上穿的红袍盖在茶树上以表感谢之情，红袍将茶树染红了，“大红袍”茶名由此而来。又说，一个考生在赶考途中病倒，天心岩和尚用茶汤救活，考生考中状元后，把披身的红袍盖在茶树上，大红袍由此得名。

大红袍的品质特征是外形条索紧结，色泽绿褐鲜润，冲泡后汤色橙黄明亮，叶片红绿相间，典型的叶片有绿叶红镶边之美感。大红袍品质最突出之处是香气馥郁，有兰花香，香高而持久，岩韵明显。大红袍很耐冲泡，冲泡七八次仍有香味。品饮大红袍茶，必须按工夫茶小壶小杯细品慢饮的程式，才能真正品尝到岩茶之巅的韵味。

据《蒋叔南游记》所述，其认为天心、天游二岩皆产大红袍。现在我们看到的摩崖石刻“大红袍”，据说是寺僧怕游人乱采真本，而于较难攀登之半崖岩壁上为之。著名茶学家林馥泉先生也曾调查过大红袍的真本，他称：“得寺僧信任，看到最后一棵大红袍真本在九龙窠的岩脚下，树根终年有水依岩壁涓涓而下，树干满生苔藓，树极衰老。”遗憾的是，大红袍的真本，至今也没有被找到。

绝佳的基因，离不开上好的孕育环境。奇丹，生长于母树附近武夷山九曲溪源头的大山里，生态环境优越。天然的养分足以喂饱茶树，为其茶叶底蕴打下厚实的基础。

奇丹的产生过程有些像克隆技术，通过无

性繁殖“复制粘贴”一个一模一样的自己，所表现出来的性状相同。因为母树大红袍从 2006 年开始就不允许采摘，但市场有需求，就只好用“大红袍的副本”奇丹来替代。虽然生长环境不同会影响茶树的性状表现进而影响成茶品质，但理论上讲，无性繁殖不存在传代和变异的问题，奇丹可以保持母本的所有特性。

奇丹是品质优良的武夷传统名丛。由于奇丹在武夷山种植面积非常有限，产量又低，所以价格昂贵，尤其是正岩区域内产的奇丹更加珍贵。这年头，遇到纯料大红袍的概率，远低于拼配大红袍，就连有“大红袍之父”之称的陈德华都说：“现在市面上的大红袍，有 99% 都是拼配。”大红袍已经浓缩为一个符号，一个代名词，它代表的是武夷岩茶。

如上所述，奇丹是现今最接近原初大红袍韵味的武夷岩茶，兰香馥郁清雅，滋味厚重绵长。正岩山场种出的奇丹因小环境特殊，气韵鲜活，如兰似桂之外更有栀子花香，灵秀清馨，实乃岩茶上品。

巧若雀舌：雀舌

“哎，岩茶喝不明白。”光三坑两涧的名从品种来说，别说滋味口感，就连名字都不能一一说清。

5 月到达武夷时，清明、谷雨已过，春茶采摘已毕，甚是扫兴，但茶客被武夷的“碧水丹山”所吸引，也迈不开脚步。武夷山人简单热情，来往的客人刚刚落座就有一杯橙红烫口的茶到。恰时辰巧，递上来的茶味啜之若饮春。“喝春天”这样一件风雅之事，仔细琢磨，并非人人都承受得起，更何况在武夷山。

在传统的武夷山节气中，进入谷雨就意味着万物播种的最美时节已经结束，传统农事的忙碌由此暂歇，比如茶。

作为武夷当地较晚可采摘的品种，这款名

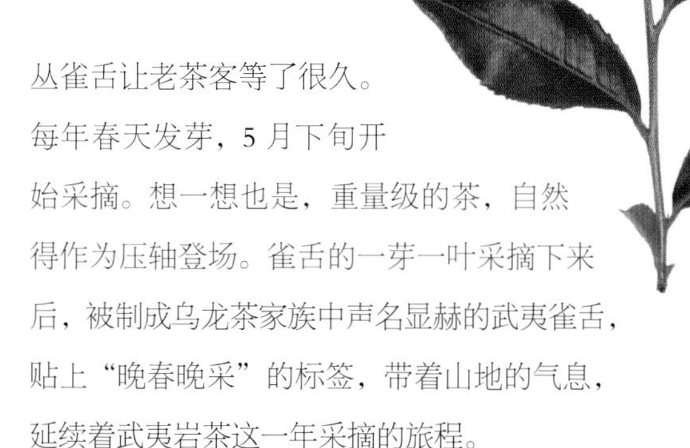

从雀舌让老茶客等了很久。每年春天发芽，5月下旬开始采摘。想一想也是，重量级的茶，自然得作为压轴登场。雀舌的一芽一叶采摘下来后，被制成乌龙茶家族中声名显赫的武夷雀舌，贴上“晚春晚采”的标签，带着山地的气息，延续着武夷岩茶这一年采摘的旅程。

中国古代的“雀舌”，最早被认定为绿茶中的形态，成为划分等级的标准。分为莲心、旗枪、雀舌和鹰爪四个档次，相当于现在国家标准中的特级、一级、二级，宋代沈括在《梦溪笔谈·杂志一》中谈道：“茶芽，古人谓之雀舌、麦颗，言其至嫩也。”可见，茶叶形状细小精致，酷似麻雀的舌头，被认为是绿茶中的上品。

所谓“莲心”，是指每年春天所采集的最早的一批特早新茶，在外形上完全由一个单独的芽构成，外形、尺寸均与莲心相仿，像是如今福鼎大白中的细嫩芽头；旗枪，是指“莲心”经过生长，已抽出一片嫩叶，叶如旗、芽如枪，但在外形上依旧是以芽为主，一定是枪比旗大；如果旗比枪大，两片叶如鸟雀之喙，中间伸出的小芽如舌，这就是所谓的雀舌了；如果茶叶继续长大，芽所占的比例就更小，三到四片叶已长出，所以形象地称为鹰爪。按茶界现在的说法，大概就是芽头、一芽一叶、一芽两叶的区别。

2013 年出版的《中国茶叶词典》，第四章“茶饮—择茶—外形”下面有“雀舌形”条目。也就是说，在现代雀舌仍是泛指茶叶的一种外形，其定义是这样的：

茶叶被压成扁平挺直呈椭圆形，因其鲜叶采摘嫩度比扁形茶高，一般为一芽一叶初展，加工成成品茶后其个体比扁形茶小，其宽度在 4—5 毫米，长度 15—20 毫米。茶叶冲泡后叶底为一芽一叶，芽与叶稍稍分离呈雀嘴形。雀舌形的茶叶采摘细嫩，多为极品茶。

在雀舌这一茶形态中，严格上仅见于绿茶，如熟知的湄潭翠芽、宜宾雀舌、蒲江雀舌、金坛雀舌、林湖雀舌等，只要形如雀舌，均可称

为雀舌。相较于绿茶雀舌，岩韵下的雀舌又成了武夷岩茶的一个品种，是“武夷名丛十二金钗”之一，为古时贡茶中的极品。早在唐代，刘禹锡《病中一二禅客见问因以谢之》诗云：“添炉烹雀舌，洒水净龙须。”可见，即使刘禹锡在贬迁的任上，待客依然是上等茶，烹成之后，状如“雀舌”。

但凡提到武夷雀舌，就不可不提及辉煌的宋代风光。名丛白鸡冠的发源人、道教南宗白玉蟾笔下的《水调歌头·咏茶》中有：“采取枝头雀舌，带露和烟捣碎，炼作紫金堆。”随手采下的雀舌，成了道家奇茶“紫金堆”的原料，而同时期的文豪苏轼也一语道出雀舌在贡茶中的地位：“拣芽分雀舌，赐茗出龙团。”

龙团凤饼，北宋皇家专供的奢靡茶品。采用福建北苑产的鲜嫩茶芽精制压印而成，有些茶饼表面还用纯金镂刻金花点缀，华美之极。宋徽宗赵佶《大观茶论》曰：“本朝之兴，岁修建溪之贡，龙团凤饼，名冠天下。”明朝汪廷讷《种玉记·拂券》曰：“玉壶烹雀舌，金碗注龙团。”但以上所提及的武夷雀舌，虽然与今天的岩茶基本产于同一地区，却是工艺完全不同的蒸青紧压绿茶，而雀舌何时作为岩茶品种出现，难以考究。

作为武夷山的古茗，雀舌是乌龙茶里层次变化的担当者，岩骨花香也并非空穴来风。对于刚接触岩茶的新手来说，雀舌没有肉桂那般过于强烈的口感冲击，相对清甜，香气馥郁悠长，似百合花或栀子花香。

与大红袍持续在市场“发热”相反，知道

雀舌的人不多，而知道雀舌与大红袍有着血缘关系的人更少。20 世纪 80 年代，武夷雀舌从大红袍一丛母株有性后代中选育而成。原产九龙窠，果香味浓厚，汤色橙黄澈亮，入口顺滑醇厚。但因产量低且种植面积小，武夷山场上的雀舌茶青很难买到，更别说制作成茶，故成为茶界价格昂贵的稀有品种之一。

当所有茶都下了山，武夷雀舌才姗姗登场。莫非这种等待的积累，就是喝好茶所必经的历程？

香气担当：肉桂

刚开始喝岩茶的朋友，多数重“香”不重水，若香气满分，就是一款值得喝的茶。因此，肉桂以其高扬的香气，成了合格的入门茶。

以肉桂为名的事物有两种。日常生活里的调味料“肉桂”，原产于中国，也作为药剂在古医书上出现，多记载为治寒邪、通血脉之用，它的命名早于武夷岩茶。

武夷肉桂，从宋朝、元朝至明朝，无论是团茶御贡，还是散茶兴盛，它都不是主流。直到清代才子蒋衡的《茶歌》出现，武夷肉桂的独特品质被给予极高评价，指出其香极辛锐，具有强烈的刺激感：“奇种天然真味存，木瓜微酽桂微辛。何当更续歌新谱，雨甲冰芽次第论。”而在《茶歌》的注解中，更提到武夷肉

桂生长在慧苑岩。

慧苑坑原本就是个天然的名丛大观园，全坑松竹环翠，山麓遍栽武夷岩茶名丛。历史上武夷岩茶花名有 800 多个，在慧苑一地就有 200 多个。其中，当家花旦之一的肉桂，据说原产于此。传说某一年，蟠龙岩主想给他做的茶取名，便请蒋蘅、慧苑寺住持、马枕峰岩茶主一起来蟠龙岩试茶。大家各抒己见，蒋蘅说：

“这茶带有明显的肉桂香味，还带乳香，香气酽郁，就取名叫‘肉桂’。”蟠龙岩主立即说：“肉桂是名贵药材，以肉桂命名，显得此茶名贵。”

武夷肉桂又名玉桂，据《崇安县新志》载，肉桂茶最早发现于武夷山慧苑岩，另一说法在马枕峰上。“蟠龙岩之玉桂……皆极名贵”，此处“玉桂”就是武夷肉桂，为武夷名丛之一。

武夷肉桂，被发现至今有100年历史，在名丛中不算古老。由于其品质优异、性状稳定，逐渐为茶人认可，20世纪80年代后在武夷山被广为引种，发展到武夷山的水帘洞、天游峰、九龙窠等产区。20世纪90年代后，肉桂凭借其奇香异质，让武夷岩茶跻身中国十大名茶之列，成为如今武夷岩茶的当家花旦之一。

深壑陡崖、幽涧流泉、迷雾沛雨，奇秀甲东南的碧水丹山孕育了武夷茶生命，而山场决定肉桂的味道。牛栏坑地处天心村，地名的来源是因为此山头酷似一头巨牛，为武夷山风景区三条重要沟谷之一。牛栏坑所产的肉桂被称为“牛肉”，被认为是有钱都不一定喝得到的极品好茶。茶山都在半山悬崖上，一层层石头垒成，不惜功夫，足见这些茶树之珍贵。这里生态条件非常优越，小气候显著，奇峰突兀、千岩竞翠，岩下土壤肥沃、山泉涓涓，亦是武夷四大名丛之一的水金龟的发源地。

武夷茶，岩上为佳，马头岩为岩上之上者，成为名岩茶。马头岩，一片苍翠之中赫然屹立着一块形似马头的巨石，威严马首下，坑里依旧是茶树丛生。一半坚韧，一半柔软。马头岩所产的肉桂被称为“马肉”，是武夷岩茶中的极品肉桂，在茶人中享有很高的评价。

“牛肉”口感更为内敛而醇厚，“马肉”口感则张扬且香气高扬，还有青狮岩、九龙窠、竹窠、鹰嘴岩、天心岩、鬼洞、猫儿石、虎啸岩、象鼻岩……若这些山场的肉桂都喝上一遍，你至少要花费一年时间。

肉桂是没有老枞的，为什么这样说？一位致力于制作传统肉桂的茶人这样认为：“因为肉桂的品种是灌木小叶种，本身这种树种的树龄就不大，目前为止就算在整个武夷山肉桂树龄最大的，可能也就 40 多年，远低于老枞标准的 50 年。因此，在岩茶圈里的朋友们约定成俗认为老枞即为水仙。你要是去武夷山人家说我们来喝一泡老枞，那肯定说的就是老枞水仙，不可能给你拿个肉桂。”

肉桂茶香气浓锐或辛锐，或花香浓郁清长，岩韵特征明显。传统上，喝桂皮香肉桂的时候，入口的第一感觉是这茶口感好霸道，香气好有力度。瞬时那种冲天而起的劲气征服你的口腔，那种苦中带有焦糖香的独特魅力一下就抓住了喉咙。随后从喉底翻上来那醇厚的回甘，又好像那绕指的柔情。于是，不禁联想起“力拔山兮气盖世”的楚霸王项羽。这就是传统桂皮香肉桂给人的感觉。对于新手来说，要接纳传统肉桂的这种辛辣香气，还是需要一段时间磨合的，也因为市场的需求导致近年来想要喝到一泡纯正的只有桂皮香的肉桂比较难。

20 世纪 70 年代，在茶科所老所长的带领下，由于肉桂的亩产量高，政府又给予茶农一定的补贴鼓励种植肉桂，所以很多茶农甚至挖去原先的茶菜老树改种肉桂。不出几年，肉桂成为武夷山主要的栽种品种之一，现种植面积约占茶园总面积的 40%，成为武夷岩茶的“后起之秀”。

牛栏坑肉桂

被称作“牛肉”的　却是一泡茶
只是轻巧绕过了章堂涧与九龙窠

它像是岩茶界的缩影
瘦小的身躯灰褐油润
还潜伏着若干红点
自诩为生命的骄傲
而后在沸水中慢慢惊醒
独有的桂皮辛味
让空缺的舌头搬走了重量

从兰香到花果香
一条无迹可寻的狭窄坑涧
回荡着悬崖与溪水
空气已足够辽阔

每一次遇见
我都感到压力

不把你变成想象中的情人
我就很难理解什么是高贵的美
更无法形容细腻如丝的温婉

岩石有瘾
就仿佛你给他们抛过媚眼
有人在深夜里　对盛开的桂花说
只有王子才听得懂的话

几口茶汤入怀
我似乎更有野心
搭一把天梯
去摸一摸白云的脸

石乳

石间精华·

溶洞里千姿百态的天然石钟乳，是中华汉语“石乳”的其中一个释义；另一方面它作为武夷茶名，有着“清泉石上流”的意象感，是对“岩茶”二字的最好演绎。

石乳问世之初，还是以团茶为主的年代。这一事件在文人熊蕃笔下的宋朝知名茶典《宣和北苑贡茶录》中有记载：“又一种茶，丛生石崖，枝叶尤茂。至道初，有诏造之，别号石乳。”生于峭崖岩砾，集群芳之香魂，伴随自然的演绎与时代的交替，这“有诏造之”的石乳茶在历史上曾两度成为贡茶，一鸣天下。

第一次是在北宋，为竞赛评选出的“官茶”。据传，福建省建州（即今南平市建瓯市），蔡襄任福建路转运使亲到北苑督造贡茶，当时斗

茶之风盛行，“推杯换盏”间以评比茶质优劣，选出贡茶而奉献于朝廷，石乳品质优异，披红中选。此后，石乳“身着蟒袍伴皇驾”，和龙茶、凤茶齐称上品御茶。

宋徽宗在其《大观茶论》中对石乳有着高度的评价：“夫茶以味为上，香甘重滑，为味之全，惟北苑壑源之品兼之。”待到宋朝第二任皇帝，武夷名丛石乳已闻名于宋代贡茶，《杨文公谈苑》中说：“龙、凤、石乳茶，皆（宋）太宗令造。”相较于自明朝才崭露头角的大红袍，石乳更早成名，也更早得到皇家的宠幸。

第二次成为贡茶则在元代，专为皇家设场种植。据悉，浙江平海行省平章事高兴路过武夷山，让冲佑观道士采制两斤石乳茶上贡，

忽必烈尝后下诏在武夷山之四曲溪畔设立御茶园，名“皇家焙局”，专门种植石乳进贡。元代著名书法家赵孟頫《御茶园记》记载：“武夷，仙山也，岩壑奇秀，灵芽茁焉，世称石乳。”可见当时武夷茶以“石乳”闻名于世。“石乳”在当时是武夷茶的代名词，就像现在我们统称“大红袍”为武夷岩茶一样。

当今的“石乳”又名石乳香，是以香气命名的茶树品种。千年后，茶农在武夷岩茶核心区慧苑、大坑口一带种植石乳，但产量不多。虽说如今茶农连石乳山场都言之凿凿，但也无法确定，现在的石乳和史书中所记载的，究竟是不是一回事。

但可以肯定的是，“石乳”作为元代武夷

山贡茶中的珍品，常被后人用来代表武夷茶，更渗透于武夷茶文化。武夷山工夫茶茶艺共有十八道程序，在第十四道中："三斟石乳，荡气回肠。"石乳一词，惊艳亮相。

"三斟石乳"即斟第三道茶，"荡气回肠"是第三次闻香。品啜武夷岩茶，闻香讲究连续"三口气"，茶人们认为这种闻香的方法在于鉴定茶香的持久性。由此推测，石乳之茶的香气在三泡之后，仍风韵犹存。

曾经的御茶园、如今的武夷山九龙窠入口处，古老的摩崖石刻上依旧鲜明地显现"石乳留香"四个大字，见证着历史上武夷名丛最早的辉煌。吴骥《石乳留香》诗曰："留香石乳出闽山，一代芳名万代传。"

一丁点烤杏仁味，半点奶香，混合着岩茶皆有的花果香和只可意会的岩韵，在这诸多的岩茶花名中，最具想象力的当数石乳。因为石乳的品质特征几乎未见于文献或典籍，难以考究。而对于感官描述，也仅限于特有的"乳香"，以及武夷岩茶皆有的"果香"，多是笼统的描述。

现在的石乳，作为岩茶花名，倒是可以细细品味。曾有人这样评价：石乳的香虽不比高香茶如雀舌、肉桂等那么张扬，但它的香气也算是浓郁而悠长，且香中带有岩石上的青苔味，细品之还可以感受到奶香。“怎么样，喝出青苔香了吧！”常有人这般问。其实，这青苔香就是茶叶中的苔藓味，经长时间炭火慢炖而转化来的奇妙味道。

此茶不仅香气较高扬，茶汤的滋味也长，显水中香，如烂石，如山花，如熟果；且极为耐泡，十泡之后仍有余香，是武夷岩茶名丛中极难得的好茶，方可谓“石间精华”。

橘生淮南：水仙

大家都知道，水仙是一种花，是历代文人欣赏的中国十大名花之一。北宋黄庭坚有诗云："凌波仙子生尘袜，水上轻盈步微月。"它的种植中心在今天的闽南，花儿容貌姣好，得水能仙。

在福建，叫水仙的不只有花，还有武夷岩茶。一位"骨灰级"茶友认为，"水仙依然是当前岩茶里最好的品种"。确实如此，武夷山得天独厚的丹霞地貌，史上出了众多名丛，眼下武夷岩茶的当家品种之一，却是清末从建阳引种的水仙，年总产量约占武夷岩茶的一半，成为闽北乌龙茶中的现实"王者"。

距离武夷山 63 千米的建阳，福建最古老的五大县邑之一，是孕育水仙的源头。1929 年

《建瓯县志》卷二十五《实业篇》记载："查水仙茶出禾义里小湖乡大湖村之岩叉山，山上有祝桃仙洞。西乾厂某甲业荣樵，采于山，偶至洞前，得一木似茶而香，遂移园中。及长采下，用造茶法制之，果奇香为诸茶冠。"据当地村民介绍，在海拔689米岩叉山顶部，确实有一山洞，洞里可容纳数人。多年来茶叶工作者为探寻根源前往此处，证实其与水仙茶原产地的记载相对一致，就是传说中的"祝桃仙洞"。

常有茶友打趣说，如果不是生在福建，水仙也可能会被取名为"祝仙"。传闻千百年前，热到发昏的穷汉子在山野深处的"祝桃仙洞"前嚼此茶叶，折枝移植。因小湖方言"祝仙"与"水仙"音近，"祝桃仙"演化成"水仙茶"，由此得名，沿用至今。1990年此处所立的一块石碑，上面刻着"祝桃仙之神位"，竖碑纪念并告诫后人，要保护水仙茶茶种。

中国每一种好物产几乎都有三个以上的传说，武夷水仙也不例外。传说无不寄托着人们对美好生活的向往。在武夷茶农们看来，水仙尽得小湖镇“山川清淑之气”，又有着“橘生淮南”之岩韵。相传在清代道光年间水仙引入武夷山，从引进至今，茶树性状稳定，品质特征优异。水仙属于“三倍体”植株，只开花，不结果，因此能够保证树种的纯正。

其实，武夷水仙，不仅是武夷岩茶的一个品种，它本身也是一个茶树品种。在武夷山地区，武夷水仙不仅可以做岩茶，还能用来做红茶。所以，当我们将“武夷水仙”当作是一种茶品时，一般指的是武夷岩茶，它属于闽北乌龙，与漳平水仙并列。1985 年经国家农作物品种审定委员会认定为国家茶树良种，位列 48 个国家级茶树良种之首。当“武夷水仙”作为树种时，它是武夷岩茶水仙、漳平水仙的共同树种，也被称作“福建水仙”“水吉水仙”。

武夷水仙属于半发酵乌龙茶，在武夷山走了那么多茶园，最好认的就是水仙茶树。这种茶树与水有缘，雾水多的地方品质就高，叶子大，不修剪就会长得老高，自然生长树高 5 米

左右。水仙还是最长寿的品种，能活到100多岁。武夷山的老枞水仙茶树上往往附着生长着苔藓，在凤凰山被视为病害的青苔、地衣，长在水仙老枞树干上却颇受欢迎，这是年长的象征。历史上有多宗300多年古树的发现记录，属于茶树中罕有的长寿现象。

树龄50年以上的，民间称为老枞水仙。相较于肉桂霸道辛辣的口感，水仙整体喝起来柔和却不失力量。老枞水仙不仅有岩茶的岩韵和独特兰花香，至关重要的是“枞味”，制茶师傅技术再好也无法仿制。因此，武夷茶界有一个规矩，老枞水仙是不能参加任何茶王评比的，它完全天生，是百年前先人留下的仙物和遗产。“枞味”明显的茶弥足珍贵，被诠释为：青苔味、木质味和粽叶味。与正岩区相距甚远的小村庄吴三地，本属“外山”范围，就因为留下2000多棵百年老枞水仙，这几年身价高涨，直追正岩。在茶叶专家陈德华等人笔下的《武夷岩茶当家品种——水仙》中，老枞水仙也是指树龄达50年以上而又有别于大宗水仙的“枞味”的茶树。这“枞味”是指来自茶树自身枝干木质部的木本香，附着物的气息与周围生态气息的综合。

老枞水仙茶树原产地生态条件特殊，譬如位于慧苑岩、天心岩、水帘洞、马头岩、竹窠等地的老枞水仙，岩韵突出，滋味甘醇且具有特殊香气，因其茶园分布于山间峡谷之中或石坡岩石之上，终日直射光时间短，空间湿度大而稳定，茶树主要与巨石和松、杉、竹等为伴。

“一方水土养一方人”，武夷水仙在中国半发酵类茶的名录里，受地域特质影响，自古就以香气高扬似水仙花而著称。《闽产录异》中记载：“瓯宁县之大湖，别有叶粗长，名水仙者，以味似水仙花，故名。”

在武夷山茶区，人们总是会将水仙和肉桂

相提并论，并素有“醇不过水仙，香不过肉桂”的说法。自古人云：水色淡而味犹存，曰厚。而武夷水仙的最大的特质就是茶汤滋味醇厚，《建瓯县志》中亦有记载：“水仙茶，质美而味厚。”它没有令你惊艳的感觉，隐约的韵味，顺滑而厚重的水路，香气花香鲜锐或浓郁，有人说她带着独特的兰花香，如闽南的水仙花，香飘万里，誉满中外。

不食人间烟火气：向天梅

清道光二十二年（1842）春，林则徐的密友、江苏巡抚兼两江总督梁章钜因病从任上请假归里。这位密友于鸦片战争时期，曾给他的门生——福建巡抚刘鸿翔写了一封信，极力反对开放福州为通商口岸。信中写道："且执事亦知该夷所以必住福州之故乎？该夷所必需者，中国之茶叶。而崇安所产，尤该夷所醉心。既得福州，则可渐达崇安。此间早传该夷有欲买武夷山之说，诚非无因。若果福州已设码头，则延建一带，必至往来无忌。"原来是英国殖民者意欲以福州为跳板，攫取当时已久享盛誉的武夷茶叶，甚至企图收买武夷山。如今武夷山活色生香，谁能想到竟有过这样一段险遭典卖的辛酸史。

武夷山有灵峰三十六，其有一峰为北斗峰，位于山北东径，三姑石后，山势陡峭，钟灵毓秀。广义上来说，武夷山人把武夷茶生长的山场分为两个区域：一是武夷山风景区，二是武夷山高山生态区。这种划分方法是对武夷岩茶产区的地形、地貌、生态、气候，以及各地的茶叶品质等因素综合考虑的结果。在这两个区域内，武夷山主要的峰峦、坑涧、田地和村落星罗棋布。北斗峰，作为武夷山具有代表性的正岩山场之一，茶树抗寒耐旱，扦插成活率高，所产之茶品质优秀，香气浓郁鲜爽，滋味浓厚回甘，岩韵明显。

向天梅，以茶树叶形命名的本地名丛，其地理位置特殊，如一株野梅冲

天生长。原产于北斗峰，现九龙窠茶树为1961年种植，树高1.2米，树幅1.3米，20世纪80年代以来逐年扩大栽培，广为引种。向天梅乃武夷稀有品种，虽名气不大，很多老茶友都不曾听过，甚至武夷当地人都很少有机会接触到，但其也是名门正派的岩茶望族。

作为武夷茶树资源的重要组成部分，武夷名丛一直在优越的生态环境条件下亮相出彩。向天梅春茶采摘一般在4月下旬，干茶条索肥实，色泽绿褐润；干茶香如蜡梅，且焙火不慎容易导致火味较重；第一水汤色橙红，水较厚，又因开汤后有梅果甜香，浓厚甘鲜，市面上多有人误认为是以成品茶命名。

闻其名，有一种画面感油然而生，彰显出茶之诞生的环境气氛和感情色彩。一株野梅向天而生，不向世俗低头，不屑与百花争艳。“向天梅”植株较高大，树枝半开张，叶片呈椭圆或长椭圆形，叶长 7.2 厘米，叶色深绿，叶主脉粗显，叶面光滑，叶身稍内折，叶缘平直，叶齿浅钝密，叶质厚，叶尖渐尖或锐尖。芽叶绿色，有茸毛，花冠直径约 4.5 厘米，6—8 瓣。

中国人喜爱梅，在人们心目中，梅素有斗雪吐艳、凌寒留香、铁骨冰心、高风亮节的形象，鼓励着人们自强不息、坚韧不拔地去迎接春的到来。在武夷山几乎家家都与茶有着密不可分的联系，殊不知，武夷山与梅也有几分缘。武夷山市的东部有一下梅村，距武夷山风景区 8 千米，距武夷山市区 6 千米。商周时期就有了新石器时代人类活动遗迹，村落初建于隋朝，里坊兴于宋朝，街市隆于清朝，梅村位于梅溪下游，故名下梅。据说，宋朝著名的理学家朱熹当年常常往返于上梅、下梅，还留下了诗句“晓磴初移屐，寒香欲满襟”赞美梅香。

“墙角数枝梅，凌寒独自开”之意，具有强大而普遍的感染力和推动力。“梅花香自苦寒来”，用其形容岩茶向天梅也是不为过。

品向天梅，舌面近咽喉处微有苦感，随即转甘，舌面两侧锐香之刺激尤强，汤入喉后甘返甜。茶品质如名，可以见得，以此命名之武夷茶，品质优异，如梅子般的清苦，颇有不食人间烟火气象，值得品味。

向天梅

在北斗峰

一株野梅向天而生

美人肩腰，挺秀俏丽

不食人间烟火

也不与百花争艳

我遇见的梅

开在四月的春风里

她的体内盛满梅果的甜香

也装着山水起伏的秘密

这些都是武夷深山里明净的眼

试探着我　又牵引着我

让心田从此种下一棵树

梅的虬枝挺拔向上

唯独细腰轻轻落在杯里

在夜的边缘摇曳

所有的岩韵，是一种声音的回环

而不是高低的音阶

岩石中隐没的铁骨冰心

淘出孤冷的香　只有身体能读懂

你在冬天递给我双手

卷曲的外形朴素而单调

但身体里的枝丫

正在被梅香唤醒

向美而生

玉麒麟 隐秘深山的璞玉：

在武夷山桐木村，每逢茶叶采制季节，就会听到“下府郎上、下府郎上”的“茶介鸟”叫声，待茶季结束，茶介鸟就不翼而飞。传说很早以前，有个姓王的闽南人，闻武夷山的茶叶非常好，便典卖家产，筹集一大笔钱至武夷山做茶叶生意。武夷村民皆称他为“下府郎”（福建分八府，也称八闽，闽北属上四府，闽南属下四府），他在村里住下与村民们共同劳动和生活。到了第二年春夏之交，下府郎买了上百担茶叶远渡重洋到新加坡，没想到当年新加坡闹饥荒，无人买他的茶叶，他破了产，无奈跳了海。他死后怀念武夷村民，化为“茶介鸟”，每到茶季，就飞到桐木村，据说茶介鸟一叫，当年茶叶就会出现丰收的兆头，实属祥瑞之鸟。

说到祥瑞，不得不提到“麒麟”，古代传说中的一种神兽。《宋书·符瑞志》言：“麒麟者，仁兽也。牡曰麒，牝曰麟。”古人将它视为仁德祥瑞之兽，认为只有在太平盛世，或者贵人降临之时才会出现。

千年后的武夷山九龙窠隐蔽处，干净清心，盎然蓬勃的茶树顺势生长，其叶面如麒麟背一样凹凸不平，甚为稀少，故称为“玉麒麟”。玉麒麟是原产武夷山外九龙窠的名丛，受环境污染影响小，集山间之灵气，取土壤之精华，真正保持了其纯自然的特性，现群体已扩大引种栽培。

罗盛财在《武夷岩茶名丛录》中记录：玉麒麟，无性系。灌木型，小叶类，中生种。其植株高大，树姿较直立，分枝较密。叶色绿有光泽，叶长 6.7 厘米，椭圆形，叶面微隆，似龟背纹。春茶适采期 4 月下旬，制乌龙茶，品质优异，条索紧结重实，色泽绿褐润，特有品种香气浓郁悠长，滋味醇厚甘爽，岩韵显。

更为稀奇的是，武夷岩茶玉麒麟冲泡的头泡茶不用洗茶刮沫，盖香稳沉，口感绵柔。“洗茶”一词始于北宋，《中国茶叶大辞典》“洗茶”条解释：“洗茶即洗去了散茶表面杂质，且可诱发茶香、茶味。”从词义上讲，“洗茶”即为“把茶叶洗一洗”之意。因为武夷山独特的良好生态，玉麒麟茶树生长在空气清新无污染的环境下，所产之茶是“干净”绿色的。

对玉麒麟最深的印象是“香”。都说人如其名，茶亦如其名，而玉麒麟的香却不似其名般霸气张扬，反之更显低调柔和。玉麒麟干茶香气特殊，是淡淡玫瑰的香气，甜甜的幽幽的。汤水里有果香，在叶底上有淡淡的乳香。茶叶经沸水冲泡，汤色橙黄明亮、纯净透明。吞咽汤水，香甜感瞬间升起，口齿生津。尤其是在第三道水时，那是一种湿润的雨后花园里扑面而来的气息，颇具特色的草本香，清气怡人。而这些香，混在一起沉实悠长，甚至带有一丝丝刚烈，如蜜桃，如雪梨，如合欢花，最终化为一缕回味悠长的优雅。

玉麒麟传承武夷山传统古法炭焙制茶精髓，秉承毫厘必究的品质精神，更融合南北乌龙制法，精心细制，天然呈现出玉麒麟的纯正本味，其香如其名，竹叶香飘荡，闻之深感迷恋。

附

玉麒麟

嗅着肉眼看不见的那只瑞兽
安详而静美
似乎伸手就可以摸到凹凸有致的厚背

在湿润的雨后花园
我们相遇言欢
扑面而来淡淡的草本清香怡人
而我仔细辨别你的蛛丝马迹
却闻到身上当归的气息，如雪梨，如蜜桃

曾经，丛林归来的人
以为自己可以走出人间
在浮世的杯盏边
有人骑着一匹麒麟
它有龙首、麋身、牛尾、马蹄

九龙窠的茶有内与外
那些旷野的斑纹
身上有麒麟片就可以发芽
碧绿而透明的翅膀
会有怎样远行的路程?

把茶喻为神兽
与天空比邻而居
因着这空旷和不着边际
记忆滑入舌喉
山上雪泥鸿爪，山下河山有隐

北斗 民间处方：

1999 年 4 月 17 日，荷兰女王贝娅特丽克丝·威廉明娜·阿姆加德一行 9 人，专程前来武夷山观光。当时正值“清明”节气过后，武夷山如诗般“仙山灵草湿行云，洗遍香肌粉未匀”。女王来到九曲溪畔御茶园品尝岩茶之王——大红袍，茶艺小姐以优美高雅的岩茶冲泡技艺，给女王奉上一杯大红袍茶汤。女王一边听着武夷山历史一边赞叹道：东方的神奇，文明的茶叶，真实无价之宝啊！在品茗中，女王感受到了武夷岩茶独具的岩骨花香，并让翻译告诉大家：岩韵太神奇了，只可意会不可言传，大红袍太妙了，风景太美了！天近暮色，女王还久久不愿离去。

大红袍为岩茶之尊，不仅是武夷山人民的

稀世珍宝，也是中国人民的“国宝”。饮茶界，“北斗是否为大红袍”之争风波不断，很多人误认为北斗就是大红袍，也有说奇丹是大红袍的，之所以有这么多说法，主要在于大红袍本身就是“杂种”。

武夷山景区九龙窠，皆由种子发芽有性繁殖而成六株大红袍母树，自古就有正副之分。据时任综合农场场长的罗盛财回忆：“原来大

红袍母树只有三株，1980 年建九龙窠名丛圃时，专家砌小梯台两级，分别从母树 1、2 号株压条移栽新植 5 号和 6 号两株。”因此，现有考证来源的母树共有五株，其中第 4 号株何时何人所种，皆不详。

正因为纷争不息，2009 年福建省农科院对大红袍、奇丹和北斗进行 DNA 测序。通过科学的品种检测分析与研判，认定奇丹和母树大红袍上的正本 2 号株性系相近，是同一类茶，就是现在所谓的“纯种大红袍”；北斗与大红袍有遗传距离，并非同种同物。基于它品质优越，极受武夷山茶农的欢迎。如今，北斗独立地成为武夷山的名丛之一，重新种于武夷山“御茶园”。

北斗，武夷山历史十大名丛之一，曾用名“北斗一号”。从茶树品种上来说，北斗与其他名丛不一样，没有十分惊人的传说，故事里有的，全是茶人匠心独运的山间“历练”。自古“伯乐识得千里马”，而武夷北斗的有缘人，就是姚月明。岩茶泰斗姚月明，一生与岩茶为伴,对大红袍的培育研究始于20世纪50年代初。

在《中国名茶志·福建卷》中，姚月明记录了“北斗一号”的诞生。1953年至1955年，他随叶鸣高和陈书省两位老茶叶专家在武夷山进行名丛调查。趁天心寺庙里看大红袍茶树的和尚下山去吃午饭，他从大红袍母本上剪了几根长穗，扦插种植在崇安茶研所的茶试验园，第一次扦插培植仅存活两棵。随行的中国茶大师吴觉农先生分别命名为“北斗一号”和“北斗二号”，北斗一号由此而来。1958年这里建机场，两棵珍贵茶苗不幸被毁。后“文革”时期，他被迫离开茶叶实验室，下放到崇安茶场农业区种水稻。但执着的姚月明仍偷偷三次上北斗峰剪大红袍苗穗培育，成活三株，沿用当初的命名“北斗一号”，而九龙窠称“北斗二号”，后恢复原名大红袍。

“武夷有山，名曰北斗，日不见星辰，月不见光辉，山中自在，北斗星辰。”北斗一号，原产于武夷内山的北斗峰下，为岩茶老名丛，古代茶书均无记载，在1943年林馥泉所著的《武夷茶叶之生产制造及运销》一书中亦无记载，却在武夷山已有60年的栽种历史，为世代茶人所珍重。

武夷岩茶品种繁多，品质和价格悬殊。因此，成品茶如不按标准拼配，品质必然难以保持一致。拼配可人为发挥不同原料之特长，并按市场需求生产出品质与价格在一定标准上相对稳定的商品。商品大红袍，亦称拼配大红袍，逐渐成为武夷岩茶的代表性茶叶，代表着武夷岩茶传统茶叶的品质特征。

武夷北斗，在武夷岩茶中以水的韵味为特色，属品种茶中可用于拼配上好大红袍的少数品种之一，能够达到大红袍的标准“活、甘、清、香”。当地茶农认为，武夷北斗是千年的民间处方，可治疗感冒等症状，夏天喝的话还能防暑，是非常好的一种天然保健品。除此之外，武夷北斗还能降压、排毒、清肠健胃，内含茶多酚，黄酮、铁、硒、蛋白质含量大大超过了其他茶叶，功效作用自然也比其他茶叶高，是武夷珍贵名丛之一。

第三章 北漂之子

矮脚乌龙 两岸的同心树：

台湾中部的鹿谷乡，海拔 700 米的高岗上，常年迷雾多雨，山路崎岖难行，上山的人都要绷紧脚尖一步步顶着走，当地俗称“冻脚尖”，故山由此得名，茶因山而名。冻顶乌龙，台湾茶叶的当家品种，现在享誉两岸的高山乌龙茶。一水相隔，距离台湾 130 千米的福建，乌龙茶正来源于此。

讲福建的茶，讲武夷山的茶，怎么都绕不开“北苑”。933 年，种茶大户张廷晖将吉苑里凤凰山方圆三十里的茶园献给闽王，闽王大喜，设御茶园，因地处闽国北部故称“北苑”。后宋代皇帝是个“玩茶高手”，当时福建御茶园里，集结了各种优质茶树品种，矮脚乌龙就是流传下来的优质品种。宋徽宗在《大观茶论》

一书中写道："本朝之兴，岁修建溪之贡，龙团凤饼，名冠天下。"其中"建溪"就是现在的建瓯"北苑"。

千百年建瓯厚重的茶史，尤其是用玉水注、黄金碾、兔毫盏来喝"龙凤团茶"的时代，是两宋时期"北苑"御茶的辉煌，孕育造就了乌龙茶。建瓯东峰镇，毗邻武夷山，是宋代皇家御茶园"北苑"的所在地，矮脚乌龙的原产地。在建瓯至东风的公路边百余米处，东溪河畔，桂林亭旁，一方"百年乌龙"石刻见证了千年的乌龙情缘。

石刻背后，一片 10 多亩平缓地的老茶园，是"北苑"御茶园遗址之一。茶园共有 6090 株古树，多是纯度较高、树龄在 167 年以上的矮脚乌龙品种。1990 年，茶学泰斗吴振铎教授经科学考证，确认此处为台湾"青心乌龙"与"冻顶乌龙"的祖籍园。人缘、地缘、茶缘，从台湾茶园，到闽北茶区，矮脚乌龙初心未改，依旧虔诚。据记载，该品种同水仙于清末移植武夷山。

作为武夷山著名的外来品种，矮脚乌龙茶很优秀，它是一个香气非常明显的茶，在武夷山种了很多，后来传到台湾。台湾著名史学家连横在《台湾通史》中也证实了台湾乌龙茶的栽培源于武夷："昔日台胞嗜爱武夷茶者，专程闽北移植茶树。嘉庆间（1796—1820），有一位商人叫柯朝者，从闽归台，引进武夷茶苗，始植于台北文山的鲽鱼坑，生长甚佳，遂互相栽培。"这里所指的武夷茶苗，后经专家分析就是北苑故地保留下来的"矮脚乌龙"。

矮脚乌龙，源于宋代北苑传统优良茶树品种，实际有三种：大叶乌龙、小叶乌龙、软枝乌龙。现今闽北当家品种的矮脚乌龙，它种在武夷山，就成了软枝乌龙，由于日照少，雾气多，常有高火焙制，外形条索细紧重实、叶端扭曲，色泽褐绿润（乌润），内质香气清悠长，似蜜桃香，故而汤色如琥珀一般，口感更加古朴醇厚，岩韵十足。

武夷矮脚乌龙泡十水以上，还品质优良，

为不可多得之精品。除本身宜单独泡茶外，矮脚乌龙还非常适合做拼茶原料。拼茶不夺其他茶香，能让香味更多元化，从而使茶叶品质与价值达到“1+1 > 2”的效果。矮脚乌龙树势最高者只约 120 厘米，枝叶平展，叶浓绿色，平滑不发光，叶形向下弯曲，叶尖圆钝。因为矮脚乌龙茶树矮小，产量低，在武夷山上制成乌龙茶，被列为“武夷岩茶”上品。

御茶园的奢靡时代已经离我们远去，但品味一泡武夷矮脚乌龙，仿佛梦回“北苑”。

掌雪梨香·佛手

前人赞誉武夷岩茶："臻山川精英秀气所钟，品具岩骨花香之胜。"自古以来"香"是岩茶品质的基础，水仙有兰花香，肉桂有桂皮香，铁罗汉有中药香……日常解渴水果之雪梨，扑鼻的甜香、清新的质感，咬上一口便汁液满嘴。若这一切，幻化到一泡茶的身上，那便是岩茶"佛手"，武夷茶系里最难得的品种之一。

武夷岩茶"佛手"，又名香橼，武夷山茶人也称"雪梨"。原生长在章堂涧一带（水帘洞—鹰嘴岩—慧苑），是武夷岩茶小品种里面比较稀缺的一种，后经武夷茶人的悉心培育，"佛手"也有少量生产。

武夷"佛手"，并不是武夷山土生土长的品种，它本是福建泉州永春县的主栽品种。相传民国初年，由安溪茶商引入武夷山种植，逐渐本土化。制成岩茶外形肥壮，色褐绿乌润，有明显雪梨香，自身的品质特征也越来越“武夷山化”。

之所以被称为武夷“佛手”，是因为其叶子如手掌一般大，让人联想到孙悟空翻不过如来佛的手掌心。树高约 1.4 米，冠 1 米。树势略扩张，枝条柔软，性脆。叶特大，近似蛋形，皱曲不平，叶片厚，泛油光，蓝绿色，叶细有油光。摊在手中，手感极好，像掌心上温暖的薄被。

佛手，原为一种柑橘类植物，在宋朝时期已有栽培，适用于居室案头赏玩。相传清康熙二十九年（1690），安溪金榜骑虎岩的一位老和尚，用茶树枝条嫁接在佛手柑上，因叶大如掌，味香如橼而得茶名。康熙四十三年（1704），传入永春达埔狮峰村制乌龙茶，民间俗语“茶佛一味”，始于佛手茶。它长途跋涉来到武夷山间，在最美丽的时刻，于沸腾的水里绽放，这一段，便是佛手茶与武夷结下的尘缘。

武夷山人胸怀宽广，乐于引进一些优良茶树品种。佛手从永春引种到武夷之后，被武夷茶人用岩茶的工艺烘焙，十八般武艺历练后，泡出来的汤水，竟仿佛与佛有缘。茶如其名，佛手是一款极具禅意的岩茶，它不像大多数岩茶那般浓重，直击味蕾。它清新淡雅，独有的“雪梨香”似冰糖炖雪梨，清爽甘甜，汤感饱满而有质感，香型变化丰富，不输水仙。

汤色清而不浑浊，橙黄略泛红，茶汤顺着舌面淌入喉底，香气在喉底回旋，流淌之处全是香浓，舌底如泉涌，有一股丝凉感袭来，舌面微辣，有那种吃鲜薄荷叶的余感。泡饮后稍顿，口腔里满是清甜的口水，喉底甘润，口齿之间余韵悠长。叶底柔韧，叶片依然保持良好的鲜活度。

武夷佛手之滋味，借用《列子·汤问》中的话来说就是“余音绕梁，三日不绝”。

雪梨

章堂涧一片巴掌大的叶
代替我前世的香橼
梨树的枝条上
不见雪的果子

在永春，叫作佛手的茶
一入武夷便有雪一样的味道
异香弥漫
岩石上的雪梨
低垂着脸庞　慈悲　蜿蜒

沸水中翻滚的身影
吹奏的舌尖和流云
就像是佛陀
从我们身体路过

茶树的寂静
似冰糖炖雪梨
如何在千山万水间进进出出
辨认过另一个
有形无形的自己
在云端
我们拥有的仿佛就是岩石的自信

黄旦

一早二奇：

闽南人热情好客，入门就泡茶，一曲民谣哼着："黄黄脸蛋桂花味，来得最早最稀奇。都说要比黄金贵，喝我不爱打瞌睡。"便道出好茶"黄旦"。

安溪，三分之一的有机茶园在虎邱。茶，作为虎邱人的骄傲，古老而优雅的茶文化，在梦幻的土地上发光发亮。这里名茶辈出，是安溪全县唯一四大当家品种齐全的乡镇，亦是黄旦和佛手茶的发源地。虎邱美庄村，发源于此的黄旦，已有 120 多年的历史，属乌龙茶类，是风格有别于铁观音的又一极品。因其汤色金黄，有奇香似桂花，故名黄金桂。

黄旦为茶树品种名，茶叶商品名为黄金桂。以黄旦品种茶树嫩梢制成的乌龙茶，其"贵气"

主要显示在“一早二奇”上，又以“一闻香气而知黄旦”的独特品质而著称。

一早，是指萌芽早，采制早，上市早。黄旦一般在惊蛰前就开始萌动，为 4 月中旬采制，比一般品种早 10 余天，比铁观音早近 20 天。在现有乌龙茶品种中，黄旦是发芽最早的一种，制成的乌龙茶，香气高扬，所以在产区被称为“清明茶”。

一奇，是指成茶的外形“细、匀、黄”，条索细长匀称，色泽黄绿光亮；二奇，指内质“香、奇、鲜”，即香高味醇，奇特优雅、鲜爽，略带桂花香味，因而素有“未尝清甘味，先闻透天香”之誉。开汤冲泡，人们分不清楚是桂花盛开飘香，还是黄金桂摇青生成花香，总是不由得为之沉醉。

关于黄旦的来源，有一个浓情蜜意的故事在当地流传，激励着村民勤劳制茶。据介绍，清咸丰年间（1851—1861），安溪罗岩村里有个青年林梓琴娶邻村西坪珠洋村女子王淡为妻。按当地风俗，新娘回娘家“对月换花”时，

带回的礼物中要“带青”（即植物幼苗），以象征世代相传、子孙兴旺。王淡带回了一株乌龙茶苗，种在祖祠旁园地里。夫妻二人精心培植，采制成茶，取名“王淡”。因汤色金黄，且闽南话“王”与“黄”、“淡”与“旦”语音接近，后改称“黄旦”。

另一说法是19世纪中叶，安溪罗岩村茶农魏珍，外出路过北溪天边岭，见一株茶树呈金黄色，因好奇心驱使而将它移植家中盆里。后经压枝繁殖，精心培育，茁壮成长。采制成茶，冲泡之时，未揭瓯盖，茶香扑鼻。后人根据其叶色、汤色特征，取名“黄旦”。从此，黄旦这种茶树便在村里广为种植。

1940年，罗岩村人在南洋开办“金泰茶庄”，将此茶注册为商标“黄金桂”，黄金桂的名字就此确定下来。黄旦被发现后，罗岩周边的大坪、双格、福美、虎邱等地先后引种。清朝中后叶，也从闽南移植到名茶众生的武夷山，用岩茶的制作工艺表现。

水帘洞，武夷顶级的正岩山场，20世纪80年代的肉桂“革新”，茶农并未将这里的黄旦改种肉桂，可见此品种之珍贵。由于黄旦独有的高香特性，福建省农科院茶叶研究所从铁观音和黄旦杂交后代中单株选育出国家级良种“黄观音”“金观音”等，发育出新的武夷佳品。

闻香识魁：梅占

梅占，安溪六大名茶之一。海拔 1411 米的芦田镇三洋村的银瓶山上，神秘的古茶树群自然生长，这里是梅占茶的发源地。清朝诗人、祖籍安溪芦田的林鹤年曾在他的茶诗《田家述》中写道：“种梅三万株，终老吾何悔。”诗中的“梅”，即“梅占茶”。

让它成为一代名茶的，却是另一位诗人。传说有两种。

一种说法是，清道光元年（1821）前后，芦田有一株树，树高叶长，但不知其名。有一天，西坪尧阳王氏前往芦田拜祖，芦田人特意考问王氏那株树的名字，王氏不知，临时答不上来，仰面偶见门上有“梅占百花魁”联句，遂巧取“梅占”为其名。

另一种说法稍加细致，清嘉庆十五年（1810）前后，安溪三洋农民杨奕糖在百丈坪田里干活，见一位肩挑茶苗的老人气喘吁吁路过此地，想讨碗水喝，杨以粥相待，老人以三株苗奉送。杨将茶苗种在“玉树厝”旁，悉心照顾，后枝叶繁茂。采制成茶，滋味醇厚，又香又甘。消息一传开，乡人纷沓而至，甚为赞赏，但叫不出名来。村里有个举人叫杨飞文，依据茶花形状像“独占花魁”的梅花那样美丽，气味像蜡梅开花那样香，将其命名为“梅占”。

真实性虽无从考证，但两个传闻故事都与高洁的诗句“梅占百花魁”有着联系，后以此作为梅占茶的趣谈。1984 年，梅占被国家茶树良种审定委员会定为国家级茶树良种，这也证明了梅占的品质。

梅占茶文化与孙中山也有着极深的渊源。在三洋村杨汉烈的故居，后人将孙中山书信镌于木板，高悬于故居中堂。杨汉烈是 20 世纪初期著名将领，1923 年春节，杨汉烈以五箱梅占茶赠孙中山。孙中山感动之至，回书信称：“汉烈吾兄惠鉴：惠书暨茶叶五箱，已一一领悉……文尚未为国报功，厚赠愧曷敢当……”

梅占茶，又名大叶梅占、高脚乌龙。与同根于安溪的矮脚乌龙相比，植株较高大，叶面厚，叶长成椭圆形，色呈浓绿。

岩茶中的梅占香气浓郁，是茶之上品。其茶汤甜润、顺滑、醇厚且细腻，虽有梅字，却和酸梅沾不上半点关系。啜饮梅占，清冽的梅

花香扑鼻而来。这股梅花香，是清甜的、纯净的，足以惊艳味蕾。就如同它的名字一样，似梅般清冷傲视，细微的梅香，悠悠然荡于唇。

名茶“金骏眉”，就曾以梅占品种的全芽为原料，其肥壮的芽头，高香的品质，黑黄相间，汤色金黄通透，为这款名作添色不少，在香气上，甚至超过了桐木的奇种。同时“金骏眉”作为名贵茶，对原料之挑剔，也成了证明梅占品种最好的佐证。梅占的大叶子也会按铁观音的工艺制作成铁观音，做出来就完全是铁观音的味道。

20 世纪 80 年代前，梅占茶树在武夷山还具有一定的种植量，但在那个以量取胜的年代，因肉桂、水仙这两类品种产量高、销量好，包括梅占在内的许多产量较低或极低的武夷古茶树被茶农连根伐起，改种肉桂、水仙。所以今天，在武夷岩茶产地，梅占茶树所剩不多，老树更少，能喝到老枞梅占岩茶可谓幸事。

诱人奇香：奇兰

武夷岩茶中有一名丛“奇兰”，就其名称而言，定有奇特之处。“这是什么茶？”“太香了！”“第几泡了，还这么香！”茶客们纷纷赞叹，一改行家表情。

事实上，“奇兰”之奇也胜在香气高扬。武夷岩茶向来有“岩骨花香”之美誉，其“花香”之韵早已成为茶友们热衷追崇武夷岩茶的一大理由。兰花，被中国人赞为“天下第一香”，以奇兰命名此茶，正是点出其神韵之美。

奇兰之香虽不及肉桂优雅知性，但也奇异。怎么形容呢？奇兰的香是在骨子里，与生俱来的香，带着野性的撩人香。非要用事物对应描述的话，那么像极了古代胭脂水巷里走出来毫不遮掩的明艳女子，一路到底，都是她的香。

有茶人在品饮乌龙茶高香品种奇兰之后诗兴大发，洋洋洒洒数十字就把奇兰的品质特征体现得淋漓尽致，诗曰：“宁弃瑶池三分水，不舍奇兰一缕香。”因为武夷奇兰的关系，不禁也对平和“白芽奇兰”关注起来。

闽南的金三角漳州市西南部，平和县大芹山麓的崎岭、九峰一带，这里山峦起伏，山高雾多，溪流潺潺，土壤肥沃，林竹茂密。武夷奇兰的前世就来自这里，也有个动人的名字叫作“白芽奇兰”。相传清乾隆年间，山下的崎岭乡彭溪水井边长出一株奇特的茶树，新萌发出的芽叶呈白绿色。于是茶农采摘其鲜叶制成乌龙茶，结果发现该茶具有奇特的兰花香味，因此将这株茶树取名为“白芽奇兰”，制成的乌龙茶也称“白芽奇兰”。

20 世纪 90 年代，奇兰从闽南平和引进武夷。由于奇兰在武夷山优异的地理条件下生长良好，在独特的武夷岩茶制作工艺下品质更是优越，深受茶人喜爱。因此，奇兰在武夷山地区广泛种植。目前，奇兰是武夷岩茶主要种植品种之一，种类有金面奇兰、白芽奇兰，并以白芽奇兰为主，属名丛系列。

市面上的“白芽奇兰”，基本上是包揉型，外形紧结匀整，色泽翠绿油润；而武夷“奇兰”则是条索型，外观粗壮，色泽油黑光亮。品饮起来，无论香与水，两者大不相同。白芽奇兰的香型类似铁观音，有南音味，汤色也一如铁观音的淡黄，入口较淡，回甘较慢；武夷奇兰汤色呈橙黄，明亮色，并有蜜糖香、兰花香的香气。虽然与白芽奇兰、肉桂相比，“奇兰”水相对较薄，香高欠醇厚，正岩肉桂七水犹醇，奇兰则已淡然，但它是众多岩茶初尝者的“首选启蒙茶”。

奇兰的制茶技术是正宗的武夷岩茶技术，极其讲究。制作的时候要顾着它的树龄、开面以及当天的气候等等。不能发酵太深，会像变

了个其他茶似的；不能发酵太轻，会香你一下就跑了。别看它用小火加工，但正是这“过犹不及”的焙火才最考验功夫，焙火时间少了青味难去，焙火久了香不够劲道……复杂的工序，注定难以由流水线代替人工。

奇兰自身具备的品种特征香尤为突出，要想用制茶工艺刻意调出它的香来反而会失败，要喝茶真正的原香，那就是奇兰。奇兰中含有丰富的芳香物质，对提神醒脑、治疗头晕头痛、醒酒解腻、美容养颜、愉悦身心都有很好的作用。

第四章 新生娇贵

瑞香 后起之秀：

6 月的九寨沟山林中一片芳香，香味来源主要是白色瑞香花。

瑞香花，历代文人雅士争先称颂的中国传统名花，以红、紫、白三色为主，其中白色瑞香花别名“白瑞香”。大文豪苏东坡曾也对此花动心，作《西江月·真觉赏瑞香二首》，诗曰：“领巾飘下瑞香风。惊起谪仙春梦……此花清绝更纤秾。把酒何人心动。”可见，它定是不凡之物。

距离九寨沟 1913 千米的武夷山，白瑞香的香味依旧清新，如同江南夏日从池塘里现摘出的莲子。碧水丹山间，白瑞香化身武夷岩茶的名丛之一，原产自福建省武夷山市慧苑岩，已有 100 多年栽培史，主要分布在武夷山内山

（正岩）。20 世纪 80 年代以来，武夷山市已有一定面积栽培。国内一些科研、教学单位有引种。茶叶专家罗盛财在《武夷岩茶名丛录》一书中有介绍“白瑞香”；茶文化专家黄贤庚所著《武夷茶说》一书，在“武夷慧苑岩茶花名、名丛”的名单里，也出现了“白瑞香”。可见，它在武夷众多名丛中的历史地位。

白瑞香的名字由来有一个美丽的传说：相传清朝末年，武夷山久旱不雨。有一樵夫，晨间偶然发现有个身穿白衣的少女，挑水上山，樵夫以为奇，便跟踪在后，一直跟到慧苑岩谷处，见白衣少女正在动手浇茶树。待樵夫走近，少女却不见了，而眼前的那棵茶树竟长得枝叶繁茂，碧绿清香，树身白得像抹了

一层白蜡。凡人遇仙女，甚是祥瑞，因而得名“白瑞香”。

事实上，“白瑞香”是以成品香型而命名的名丛之一。属于高香品种茶，干茶样条索紧细，色泽青褐。干香比较浓郁，汤色橙黄，滋味醇厚、甘甜，品种香明显，稍带有草本叶类的味道，一说类似于粽叶的香味，一说是药香，很特别。近年来市面上出现的瑞香、白瑞香、百瑞香、百岁香，因为在叫法上极为相像，且都是高香品种，常常会把茶友们搞得“云里雾里”。通过仔细探究，它们不仅在名字上有所区别，在身份上也有很大的不同。

武夷山原生名丛有两个，一个是白瑞香，一个是百岁香，二者皆为土生土长的武夷名丛，为“老前辈”级别的好茶。而百瑞香，则是当地人民口口相传时误把白瑞香叫成了百瑞香。因此，百瑞香是不存在的。

再者瑞香，是福建省茶科所培育出的岩茶新树种，编号 305，是国家级良种。特点是香气浓郁幽雅清长，花香显，茶汤滋味醇厚鲜爽，水中带香，耐泡，多次在茶叶评比中获奖。瑞香的茶树适应性好、产量高，可以作为拼配大红袍的原料，也常作为肉桂等茶的调香原料，还有不少成品茶在市场上流通，算是这几年武夷岩茶的后起之秀。总而言之，前两者是名丛，后者则是品种。

和武夷山其他名丛一样，经过长时间变迁，真正存活至今的“白瑞香”已经鲜有，且成品茶的价格不菲，在市面上也是可遇不可求。因此，有些茶农、商家直接把“瑞香”当作“白瑞香”销售，久而久之，消费者只知“白瑞香”，却不知“瑞香”。

芳香馥郁：春兰

在武夷山，吃茶不仅是男人的雅事，也是女人的趣事。过去的武夷山，由于封建礼教的束缚，男女是不能坐在一起喝茶聊天的，更不用说一起参与重大的茶事活动了。但是，在武夷山市北部一些野村里，却有着村妇村姑三五成群坐在一起吃茶的风俗。

北部恩娘聚集喝茶的遗风遗俗由来已久，有着自己独特的习俗。刚结婚的新娘，是请人吃茶的女东家。新媳妇必须邀来夫家已出嫁的大姑小姑，还有妯娌，然后由婆婆为她备好吃茶时用的小点心。北路恩娘吃茶，男人概不介入，真正是男女泾渭分明，只有姑娘才有资格入席。

随着广大群众对岩茶的了解越来越多，大

红袍、肉桂等知名岩茶，已不能满足口感需求，猎奇小品种茶成了他们平日的追求。在武夷名丛中，就有一种如姑娘般芳香馥郁的茶——春兰。

“春兰如美人，不采羞自献。”古人认为“春兰”花如美人，无须采摘，那娇羞的神色就主动展现在人们面前。据说“春兰”是中国最古老的名花之一，早在尧帝时期就有种植春兰花的传说。春兰高雅幽香，姿态优美，象征着世间所有美好事物。岩茶中的春兰，恰如花中春兰般芳香馥郁。

岩茶“春兰”种于武夷山峡壁之下，长于正岩的小竹林里。茶园靠山而开，有一个明显的内凹弧度，阳光直射少，14点之后就基本上没有太阳直射，最适合茶叶的生长。周围清澈见底的溪水潺潺流淌，多年生长的毛竹环绕其周边，生长在小竹林的岩茶春兰，兰花香持久，汤水顺滑。

春兰，是福建省农科院茶叶研究所基于提高铁观音产量和抗逆性、保留其高香优质特性的研究思路，从1979年至1999年在该所品种园铁观音天然杂交后代中，将各方面表现好的植株经单株选育而成的无性系新品种，代号301。该品种属灌木剂、中叶类、早生种。产量高，平均单产比水仙高三成左右。制成乌龙茶品质优异，香清高且长，味醇厚，明显优于水仙，制优率比铁观音、肉桂高，曾荣获福建省优质茶奖与“中茶杯”二等奖。扦插和定植成活率高，适应性好，抗寒、抗旱力强。已在安溪、武夷山、华安等地示范推广50亩以上，经济效益显著，深受茶区群众欢迎。2000年2月通过福建省优质品种审定，2020年经全国茶树品种鉴定委员会鉴定为国家级优质茶树品种。

春兰口感醇厚，入口干爽，余香淡淡，清

新舒适。其香沿袭了铁观音一脉独有的兰花香，又根植于武夷山的沙砾岩之中，日日生长便也有了岩骨岩韵。作为拼配大红袍的“香气担当”，春兰在非物质文化遗产武夷岩茶技艺传承人的手下，拼配出上好的大红袍，岩骨分明，均衡性好，香水兼得。可见春兰之香风情万种。

沸水激之，茶叶舒展筋骨。一丝丝化为橙黄琥珀的茶汤，还未入口，兰香袅袅漫延至鼻尖，水中饱含的兰香，滑入口中便一直渗透到舌尖、喉头，香气浓郁悠长，韵味饱满。有种春日行于田间小路，偶见花开成海的惊喜感。七八道之后，尾水入喉依然泛甜，在耐泡上，表现不俗。一饮入心，不过这杯盏之间。

春兰，宛如一个愿意为你“洗手作羹汤”的姑娘，不争不抢，自在安然，内里却自有一股幽幽兰香，经时间的磨砺之后，其气醇和，仙气与烟火气并存，雅而不媚，香而不俗。

丹桂

在福建，说到丹桂，闽北浦城一定先站出来毫不虚心地说，“中国丹桂之乡”是自己的名片。丹桂，系中国桂花优良品种之一，橘红色桂花，香味很浓，拥有极高的观赏价值。以此享誉天下的浦城县境，西北为武夷山脉的延伸，区别于前者“丹桂飘香”中所指的丹桂，武夷山之“丹桂”，是极受欢迎的乌龙茶品种。

武夷丹桂，是福建省农科院茶叶研究所用肉桂自然杂交后代选育，历时19年选出的高香、早生、高产乌龙茶新品种。

肉桂，武夷四大名丛之一，武夷岩茶的当家花旦，已有百余年的种植历史。相比之下，丹桂品种产量高于母本肉桂20%以上，制优率高于肉桂，春茶开采期比肉桂早10天。武夷丹桂多次获得福建省名优茶奖：1997 年，获中国茶叶学会全国名优茶评比“中茶杯”名优乌龙茶一等奖；1998 年 3 月，通过福建省农作物品种审定委员会审定为省级品种；2000 年，“丹桂的选育与推广”获得福建省科技进步二等奖；2020 年，成为国家级优质良种。

武夷丹桂浓郁的花香、醇厚的滋味、丰富的口感，不仅得益于得天独厚的自然环境，还有一个重要的因素是传统精湛的加工技艺。

目前生产上丹桂品种以加工乌龙茶为主，香气清高，花香爽悦，表现力强，品种特征突出。采摘要求极其严格，仅在晴天 9 点至 11 点、14 点至 17 点为佳，选择中大开面鲜叶为原料；最好采用晒青的萎凋方式；优质的岩茶丹桂采用传统手工做青，时间绵长，过程复杂细致，传承“看天做青，看青做青”的武夷原则，以形成独特的绿叶红镶边。

要做好丹桂茶，必须把好每一关。丹桂在武夷岩茶中属高香型的茶叶，此茶若没有经过后期焙火会清香淡雅且带有淡奶油香，而经后

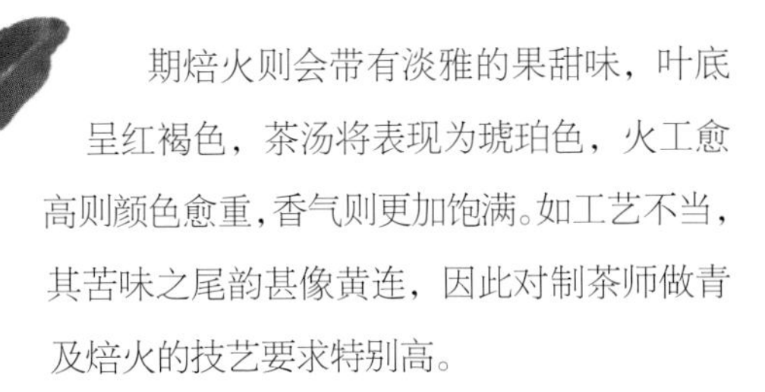

期焙火则会带有淡雅的果甜味，叶底呈红褐色，茶汤将表现为琥珀色，火工愈高则颜色愈重，香气则更加饱满。如工艺不当，其苦味之尾韵甚像黄连，因此对制茶师做青及焙火的技艺要求特别高。

武夷山丹桂原种，俗称304品种。经过传统的手工半发酵工艺，兼备红、绿茶焙制原理之精华，使丹桂制乌龙茶品质优异，儿茶素含量极高，其中EGCG含量高，茶人往往得之幸之。EGCG学名为“表没食子儿茶素没食子酸酯”，是茶多酚中最有效的活性成分，属于儿茶素。EGCG有抗菌、抗病毒、抗氧化等作用；在医药保健上，还具有防治多种疾病、增强免疫力等功能，更为其内质表现“锦上添花”。

头一道润茶，沸水与茶叶的相遇，那高飘的香气扑面而来。柔滑的茶汤，入喉时若有若无的兰花香冲鼻而出，入口涩、微苦，但还没等到你去回味那苦涩的时候，舌尖已经开始回甘。它只是那么轻轻的一点苦涩，便给你无尽的回味。

武夷小品种岩茶，据说有上百种之多，风格各异，个性独特。武夷丹桂是小品种中的极品，其口感及功效不可多得，也是深受岩茶爱好者追捧的一款茶。

香高味厚：黄观音

黄观音是黄旦和铁观音杂交选育的优良品种，属早生种。早生种在岩茶产区目前主要是外来品种和培育品种。比如每年最早采摘的品种大多是单丛和八仙，而产量较大的早生种里，最有名的可能就是黄观音。

相对而言，绝大部分的早生种都来自南方，比如原产地广东的凤凰单丛，或者有来自南方的“爹妈”，比如黄观音的“爹妈”就是来自闽南的黄旦和铁观音。南方原产地温润的气候和明媚的阳光造就了骨子里的那股花香，原产地和武夷山的气候差异促成了它们在品质上的别具一格。

黄观音，又名茗科 2 号，国家级良种。该品种由福建省农科院茶叶研究所于 1977 年至

1997年以铁观音为母本、黄旦为父本杂交选育而成，1998年由福建省农作物品种审定委员会审定为省级品种，省内外多有引种。由于芽期早，新茶可赶在“五一”节上市，又具有黄旦茶的香型特征，近几年黄观音在福建引种推广较快。

虽然黄观音与金观音的“爹妈”一样，但每一个自然衍生的“孩子”都是独立个体，黄观音有着自己的个性，具有类似父本黄旦的“透天香”。春芽萌发期一般在3月上旬，一芽三叶期在4月上旬。嫩梢芽叶黄绿带微紫，茸毛少。扦插繁育成活率高，抗寒、抗旱性较强，适应性广产量较高。春茶一芽二叶干样约含氨基酸2.3%、茶多酚27.3%、儿茶素总量12.6%、咖啡因3.5%。制乌龙茶，品质优异，条索紧结，色泽褐黄绿润，香气清爽芬芳，制优率高。亦适制红、绿茶，香高味厚，品质优异。

它的香气，层次分明，花香为底，果香为面，好似出水美人。开汤便是果香登场，有芒果、柚子等多种热带水果的香气。待果香渐弱之后，黄观音的品种香——花香，开始浮上舌面，极馥郁极娇俏，有水仙、桂花诸般变化。汤水醇厚、润滑，微有苦意，能够在口腔中迅速化开。香气馥郁多变，极有侵略性，能占领口腔很长时间，回甘与生津皆棒。

黄观音造型多变，是因为黄观音采用不同的制茶方法。以闽南乌龙茶工艺制成的黄观音，多为颗粒型绿茶；以工夫红茶工艺制成的黄观音，多为条索型红茶；而在闽北工艺下制成的黄观音，在武夷山简称“105”。“105”是未经审定时的试验区代号，叫的人多了，最后成为岩茶黄观音的品系代号。

小清新：黄玫瑰

武夷名丛大都有一个动听的名字，常以花为名，自携香韵。武夷茶区先民很早以前就从武夷菜茶中开始选育优良茶树用于生产。他们在长期的生产实践中，积累了丰富的经验，利用当地特有的茶树资源，选育出许多质量优异具有特色的武夷菜茶优良单株，单独繁殖栽培采制，反复对比选择培育，优中选优，并冠以各种“花名”，形成许多名丛，争奇斗艳，世代相传。

黄玫瑰，典型的小众高香岩茶，武夷岩茶里历史并不算长的品种。20 世纪 90 年代，由福建省农科院茶叶研究所用黄观音和黄旦自然杂交选育而成，以清新的玫瑰香得名。2005 年，黄玫瑰通过福建省品种审定，2010 年通过农业

部全国茶树品种鉴定委员会鉴定，纵然跃身成武夷岩茶中的“新兴贵族”。

4月，是茶人望穿秋水的武夷采茶季。自中旬开始，黄玫瑰等早生品种最快收到大自然的秘密召唤，高大的植株、黄绿色的芽叶随风飘摇，率先达到开采标准。黄玫瑰，无性系，小乔木型，中叶类，早生种，二倍体。植株较高大，树姿半开张，分枝密，叶片呈水平状着生。制乌龙茶品质优异，条索紧实，香气馥郁芬芳，具“通天香”特征，滋味醇厚甘爽，制优率高。

黄玫瑰的原料产自武夷山北斗峰的小竹林，其距水帘洞景区的霞宾岩6千米左右，林内竹篁蔽日，枝杈交叠，环境清幽，亦有其他树种伴生，生态环境奇佳。因此，茶区较之其他名岩山场，反而多了几分竹气清雅。

黄玫瑰这种名丛，只有生长在特殊地理环境下，依靠良好的生态植被，吸取植物之精华，方可造就清新独特的风格。黄玫瑰，是前人对武夷岩茶品质一个有象征性的比喻，其扦插繁殖力强，种植成活率高，适应性广，茶中自带玫瑰香显然少见，深受茶人喜爱。在育成品种占据了高香岩茶大半江山的时代，黄玫瑰品质如此优越，是由于取自生长在武夷山丹霞地貌内的鲜叶精制而成，造就了非凡的品饮价值和养身功效。

制作过程中，黄玫瑰反复经过纯手工挑选黄叶、茶梗，精工细致；再是焙火工艺，格外讲究，每次间隔大概一个月，用龙眼炭及荔枝炭小火烘焙晾干，其间对温度和时间的把控精细考究。因此，茶中焙火的玫瑰香气层次感愈

加丰富，香气更细腻，水体醇厚却又不失活性，木质香与玫瑰香尤为突出。有茶友称，其香气的浓郁程度，用“香飘十里”来形容也毫不夸张，光是嗅着这些馥郁的花香，便已垂涎三尺。

黄玫瑰佳茗似佳人，滋味虽不如肉桂霸道，也不如水仙厚香，但宛然一个身披黄衫初出闺阁的少女，水中无太复杂之滋味，也不浑浊，清澈而柔，茶如其名。

早芽种：黄奇

相隔南北的武夷山，每到谷雨前后，武夷山茶农的神经便开始紧张了起来。此时的闽南茶山已经葱翠欲滴，放眼望去，芽头迫不及待地膨大、伸长，芽梢渐渐生长旺盛，枝繁叶茂，蓄势待发。

都说“明前茶，贵如金”，“明前茶”深受市场的追捧。但并不是所有茶类都有“明前茶”这个说法，比如武夷岩茶。岩茶几乎是所有茶类中最晚开始采摘的，一般是在 4 月中下旬到 5 月中旬，每个品种的最佳采制期也各有规定，早芽种一般在 4 月中下旬采制。

武夷山是茶树品种资源王国。丰富的茶树品种资源是在优越的生态环境条件下，经过长期自然的杂交途径进行基因重组与基因突变，通过先民们不断的人工选择，选育出千姿百态和不同品质特点的各种优良单株即单丛。从中优中选优，形成名丛。而后又从名丛中进一步选拔。

据记载，自宋朝出现铁罗汉、坠柳条、白鸡冠，以及朱熹手植“文公茶”等名丛以来，前后经历过 10 个世纪，武夷山共选育各类名丛不下千种。至明末清初，随着武夷岩茶制作工艺的形成与传播，各类名丛的选育利用达到空前。至清末，大红袍、铁罗汉、白鸡冠、水金龟、半天腰等名丛已享有盛名。如此众多的名丛使岩茶在生产上，品种丰富多彩，花名鹊起，百花齐放，争奇斗艳。武夷名丛是研究武夷岩茶的基石，其历史地位和意义源远流长，是先人留下的宝贵财富。

黄奇，由福建省农科院茶叶研究所于 1972 年至 1993 年从黄旦与白芽奇兰的自然杂交后代中单株选育而成。1994 年福建省农作物品种审定委员会审定为省级品种，现已成为国家级良种。由于芽期早，香型较突出，近几年作为早芽种栽培。

黄奇的“父本”与“母本”皆源起于闽南。提起“中国茶叶第一大县”福建安溪，人们往往会想到名茶铁观音，却少有人知“黄旦”。“黄旦”又称“黄金桂”，一般在4月中旬开采，比铁观音早近20天，有“未尝清甘味，先闻透天香”的美誉。白芽奇兰产于福建省平和县，我国珍稀乌龙茶新良种，叶片青翠欲滴，茶叶发出自然茶香，气味似兰，清沁心脾，冲泡后香气徐发，兰花香更为突出。

两个高香品种的碰撞，培育出品质优异的名丛“黄奇”，使岩茶品质风格多样化，从而在整体上提高了武夷岩茶品质。黄奇植株较高大，树姿半开张，叶片呈水平状着生。叶椭圆形，叶色绿，富光泽，叶面微隆起，叶缘微波，叶身平，叶尖渐尖，叶齿较钝浅稀，叶质较厚脆。芽叶黄绿色，茸毛少，一芽三叶百芽重65克。花冠直径4.4厘米，花瓣6—7瓣，子房茸毛少，花柱3裂。

黄奇芽叶生育力强，发芽较密、持嫩性强。春茶一芽二叶干样约含氨基酸 3.5%、茶多酚 32.8%、儿茶素总量 18.4%、咖啡因 5.2%。适制乌龙茶、绿茶。春茶适采期 4 月中旬，制优率高，宜选择土层深厚的园地种植。

黄奇干茶条索紧结、厚实、色泽褐绿润，有些光泽；叶端稍扭曲，匀整；汤色金黄，茶汤入口时鲜爽度好，且滋味醇厚非常舒服，有奇兰品种的特有香气，高锐持久；叶底软亮，绿叶红边明显。

招来的凤凰：金凤凰

凤凰，中国传说中的神鸟，在烈火中涅槃重生，不常得见，见而必为祥瑞。在古代，凤凰也是中国皇权的象征，从属于龙，多以金色用于皇后嫔妃，“龙凤呈祥”是最具中国特色的图腾。据《尔雅·释鸟》郭璞注，金凤凰的特征是“鸡头、燕颔、蛇颈、龟背、鱼尾、五彩色，高六尺许”，是中国地位高贵的典型象征。

在武夷山民间有一种流传最广、最具悠久历史的家常药茶，恰巧与凤凰有关，名为“凤凰蛋”。相传唐朝时期，孙思邈为撰《千金要方》，来到武夷山采撷草药。时值盛夏，正好赶上酷暑早临的端午节，武夷山一带的老百姓正身染热疾，几乎成瘟。孙思邈用自己采来的草药给村民们服用，无奈不管用。正心急如焚时，头顶飞来七只凤凰不停地盘旋鸣叫。原来是神农放飞的神鸟，奉命看守仙草灵芝还有武夷君炼仙丹的汤头药引。武夷君得知孙思邈救治村民，令七只凤凰衔来汤头和药引，凤凰带领孙思邈找齐七七四十九种药引，生下七枚凤凰蛋后便随武夷君召唤而去。最终，经过孙思邈的配制，村民们服下药茶汤得以救治，从此乡间便把这种神奇的药茶称作“凤凰蛋”。时至今日，每年端午节，武夷山村野之民都沿袭这个传统，制作“凤凰蛋”，制作时仍少不了要用到武夷茶叶及药草。

虽同借凤凰之名，金凤凰却不同于药茶“凤凰蛋”，乃武夷名丛之一，无性系，小乔木型，中叶类，中生种，二倍体。金凤凰是1999年武夷山茶科所用茶树凤凰水仙自然杂交单株培育出来的新品种，香气浓郁芬芳似蜜香，滋味醇和甘爽，为高香品种，现武夷山和其他乌龙茶区都有种植，编号120。据当地茶农介绍，“金凤凰”是因鲜叶形态圆滑厚实，迎着日光色带金黄，如同凤凰尾羽上的圆斑，且发源于凤凰

水仙，故得此名。

武夷持续升温的茶产业不仅富了茶农，还招来了“金凤凰”。广东潮汕凤凰乡，拥有900多年栽培历史的“凤凰水仙”产于此地。传说南宋末年，宋帝赵昺南下潮汕，路经凤凰山口渴难耐，侍从们采下一种叶尖似鸟嘴的树叶加以烹制，饮之止咳生津，立奏奇效，从此广为栽植，称为“宋种”。其叶形奇特，先端多突尖，叶尖下垂，略似鸟嘴，因此当地农民常以“鸟嘴茶”称之。

凤凰水仙有“形美、色翠、香郁、味甘”之誉，其有性繁殖的后代岩茶“金凤凰”承袭特质，成茶条索肥壮紧结重实，色泽绿褐润，汤色黄橙，香气淡雅悠长，似花果香，滋味醇厚干鲜，六七泡有余味。每年4月中旬，为金凤凰一芽三叶的盛产期，按照“小至中开面”鲜叶标准适时分批采摘，不宜偏嫩或偏老采，产量较高。虽从远方而来，但岩茶“金凤凰”扦插繁殖力较强，成活率较高，制乌龙茶，品质优异。

金凤凰作为岩茶中的小品种，干茶闻起来

十分醉人，轻嗅是岩茶特有的火香，接着又仿佛是某种花香，再闻变成花园里混合的香味。冲泡过后的茶汤呈金黄色，干净但不算清澈，略微的凝重，如金色的琥珀一般。喝起来，口感绵滑，清爽怡人，喉韵明显。金凤凰鲜叶椭中带圆，迎着日光，如同凤凰尾羽上的圆斑。茶在火中经历生死，却又在滚烫的水中重生，宛如凤凰涅槃，带来一片清香，真是茶如其名。

爱情的结晶：金观音

1921年蒋希召在《蒋叔南游记》中记述："武夷产茶，名闻全球……武夷各岩所产之茶，各有其特殊之品。天心岩之大红袍、金锁匙，天游岩之人参果、吊金龟，下水龟岩之白毛猴、金柳条……此外，还有金观音、半天妖、不知春、夜来香、拉天吊等，种类繁多，统计全山将近千种。"这些都说明武夷山茶区选育名丛由来已久，并非一朝一夕之功。武夷岩茶新生品种无数，令人不得不感叹基因的强大以及现代嫁接技术的精良。

"金观音"系出名门，是黄金桂、铁观音"爱情的结晶"，为福建省茶科所于1978年选出，并于2000年被福建省农作物品种审定委员会审定为省级品种，选育号204。以岩茶工艺制

作后，它既遗传了铁观音之雅韵，又继承了黄金桂之高香，乃茶中极品。

金观音，又名茗科 1 号，国家级茶树良种。属于灌木型树种，茶树的枝干粗大，分枝多，发芽的密度高，茶叶颜色偏深，叶上茸毛稀少。福建省茶科所从铁观音与黄旦的人工杂交后代中选育而成的无性系新良种，遗传性状偏向母本铁观音，属半发酵茶，以“形重如铁、美似观音”的品质特征而享誉海内外。

春芽萌发期一般在 3 月上中旬，一芽三叶期在 4 月上中旬，扦插和种植成活率高，抗逆性强，适应性广，制优率高，适宜在乌龙茶区推广种植。

常有人混淆金观音与铁观音，其实它们是两个不同的茶树品种。铁观音就是用铁观音茶

树的叶子加工而成，金观音是铁观音茶树与黄金桂茶树杂交培育而成的新品种。这两种树种的原料按乌龙茶的加工方式加工，外表看是一样的，但是香气与滋味有些差异。

金观音除了在制造乌龙茶方面有名外，制造绿茶、红茶、白茶方面也具有好的口碑，用金观音制造出来的这些茶不但质量好，而且能在保证高质量的前提下大量生产。此茶综合了铁观音和黄金桂两种茶叶的香气，生来便带着浓郁的兰花香与柔和的桂皮香。茶汤喝到嘴里，高香飘扬，水中含香，既有乌龙茶的清香，又不失岩韵。

金观音制作的乌龙茶，条索紧实匀整，色泽青褐油润，香气馥郁悠长，传承了黄金桂“透

天香”，滋味醇厚回甘，韵味显，汤色橙黄明亮，干净透彻，叶底肥厚，品质优异稳定。1996 年获福建省名茶奖和优质茶奖，2002 年通过国家级品种审定，2003 年获中国（武夷山）茶文化艺术节暨凯捷杯茶王赛金奖，2004 年获得福建省科技进步二等奖。

金观音是一种珍贵的天然饮料，有很好的美容保健功能。经科学分析和实践证明，金观音含有较高的氨基酸、维生素、矿物质、茶多酚和生物碱，有多种营养和药效成分，具有清心明目、杀菌消炎、减肥美容、延缓衰老、消血脂、降低胆固醇、减少心血管疾病及糖尿病等功效，闻名遐迩，畅销港、澳、台、东南亚、日本、欧美等地，深受消费者喜爱。

观音王：金牡丹

“唯有牡丹真国色，花开时节动京城。”牡丹本就是富贵、祥瑞的象征，素有“天姿国色”的佳誉。岩茶中，也有一些茶名与牡丹花撞名，比如白牡丹、紫牡丹、金牡丹。

在20世纪80年代初，福建嫁接培育的新品种是最多的，而铁观音和黄旦自然杂交而成的品种中，有两个比较出名，那就是黄观音和金牡丹。

金牡丹，又名“观音王”。2001年被评为“九五”科技攻关农作物一级优异种质，编号220；2003年，福建省农作物品种审定委员会审定为省级品种；2020年，成为国家级优良品种。灌木类、中叶类，早生种，叶片成水平状着生。叶椭圆形，叶色绿，叶面隆起，具光泽，叶缘微波，叶尖钝尖，叶齿较锐浅密，叶质较厚脆，叶芽紫绿色，茸毛少。春茶一芽二叶干样约含氨基酸2.3%、茶多酚30.8%、咖啡因4.2%，制乌龙茶品质优异，条索紧结重实，香气馥郁芬芳，滋味醇厚甘爽，韵味显。

武夷茶在清代由绿茶发展到武夷岩茶（即乌龙茶）。武夷岩茶的制作工艺起源于武夷山也是茶界公认的。当代茶界泰斗张天福说：“我国乌龙茶最早起源于武夷山，尔后传之闽南的安溪县，再传到广东和台湾。”张天福先生还于2002年2月挥毫直书“乌龙茶故乡武夷山”大幅墨宝。

相对于其他的岩茶，“金牡丹”需要细心栽培。树姿相对于其他的岩茶较直立，茶园土层浅薄或采摘过度，容易早衰。

金牡丹采用武夷岩茶传统的炭焙工艺，使得其具备了岩茶独有的品质特点。多产自半岩，培育至今还不到10年，推广种植只有六七年，属于小品种茶，鲜有人知。再加之被几大当家盖住了光环，这款茶就更少人知道了。金牡丹茶自身有着奇特的魅力，是岩茶体系里难得的高香种类。

将两种高香的茶杂交，自然会得到一款香气冲天的茶。所以金牡丹具有浓郁的栀子花香，且带有奶香，香气扑鼻。

虽说是金牡丹，但其带着浓烈的栀子花香，这类香文雅脱俗，捕获了很多茶友的芳心。金牡丹本身的香气在岩茶中独树一帜，算得上是标新立异了。金牡丹经得起水的考验，通常岩茶能够泡八泡，但是这泡茶却能泡到十泡，这已经是相当不错的成绩了。

金牡丹条索紧实、分明，香气持久明显。茶汤色泽橘红透亮，水含香好，前味有一种南瓜子的香味，以甜香为主，中味有浓厚的栀子花香，口感醇和，有明显的苦味，但汤感细腻，如咖啡一样香醇顺滑，饮后口齿清凉，有细密的果酸感在齿间萦绕，化开后喉底甜润。香气不仅持久还很丰富，炒米香和甜香为主，带淡淡的植物清香。

花香之胜：小红袍

唐代孙樵的《送茶与焦刑部书》和徐寅的《尚书惠蜡面茶》，是福建最早记录茶事活动的茶文、茶诗。而武夷茶的传说自汉代就有之。如北宋苏轼在《叶嘉传》中，将武夷茶拟人化为“叶嘉”，讲述其受到汉武帝宠爱的故事。武夷山是生物多样性的模式标本产地，据茶叶专家林馥泉1942年的调查，武夷山中茶树品种、名丛、单丛达千种以上。众多名丛中，属大红袍最负盛名。

大红袍声名远播，却少有人知“小红袍”。茶界关于小红袍的资料，大都围绕着小红袍的出身。

第一种说法是，小红袍是由母树大红袍的折枝无性繁殖而来，是大红袍第二代。大红袍

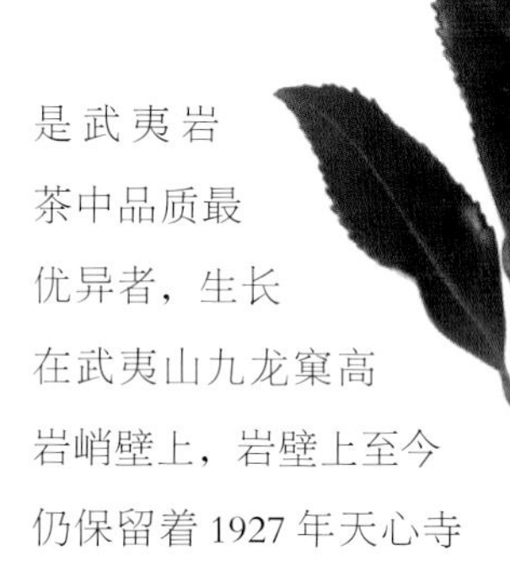

是武夷岩茶中品质最优异者，生长在武夷山九龙窠高岩峭壁上，岩壁上至今仍保留着1927年天心寺和尚所作的“大红袍”石刻，这里日照短，多反射光，昼夜温差大，岩顶终年有细泉浸润流滴。

第二种说法是，几个品种拼配而成的也叫小红袍，老百姓以制作出小红袍为最高境界。首先要认真品尝岩茶的毛茶，把老枞水仙、肉桂、矮脚乌龙、黄旦等几个品种，识别各自优点后，进行合理拼配。经过调茶师的认可后，再进行低温（约80℃）、长时间（8—15小时）的焙火，并结合摊放、挑选、退火等工序，大约需要20天。人们形象地把这个难得的品质称作“小红袍”，是大红袍的嫡系。

第三种说法是，小红袍是名丛中的一个品种，因其品感好，特征近似于大红袍而出名。

也就是说，大红袍和小红袍都是武夷岩茶的名从，它们都有着优秀的品质，但它们是不同的品种，就像大红袍与铁罗汉不同一样，二者在品质特征上也是不一样的。

众说纷纭的小红袍，实则培育于现代，编号 66，是有别于纯种大红袍的另一武夷纯种的茶树品种，和母树大红袍及拼配大红袍根本不沾边。与纯种大红袍青叶比较，小红袍叶片更小稍圆，颜色更深，叶缘锯齿深且密。

任何种类的茶都是从母性系中分离出来的。本来没有小红袍这个名称的茶，最初可能就是商家炒作出来的茶叶名称。其本意是不如大红袍的武夷岩茶，味道又接近大红袍的品质。但时间一长，以讹传讹，岩茶小红袍被商家炒作得五花八门、莫衷一是。民间到处充斥着小红袍的身影，却没有人去注册商标和包装，本来就乱的武夷岩茶显得更乱了，四小鬼八大王到处横行。

小红袍干茶条索紧结，杯盖呈蜜香，香气清幽，入口清甜，回甘显。叶底软黄透亮，三红七绿显。品小红袍，犹如置身大自然的气息中，清爽宜人。

水仙茶的醇厚、肉桂茶的汤香、矮脚乌龙的清甜、黄旦茶的飘香，好像都集中到了这泡茶中，如果把大红袍比作交响曲的话，那么把小红袍比作协奏曲是再合适不过了，有主题、有思想、有内涵、有碰撞、有力度。不是单个乐器的奏鸣曲所能比拟的气势，在主基调乐器的基础上可以听到乐队的唱和，这就是小红袍。

神秘皇子：紫红袍

阳春三月，它披着紫衫而来，自带高贵和神秘。在千余种岩茶间，只有它的名称画面感十足。

在中国古代，衣着颜色和地位息息相关。南北朝时期，创立了五等官服制度，紫色位列第二，地位仅次于红色。到了隋代，紫色正式跃升为百官常服的首选服色。唐代则规定，三品以上官员才能穿紫色官服。自此以后，紫色就变成了代表地位尊贵的颜色。所以，后来人们就用“红得发紫”来比喻那些官运亨通、仕途畅达的人。

紫红袍，又名九龙袍，由福建省农业科学院茶叶研究所于 1979 年至 1999 年从大红袍副株自然杂交后代中采用单株育种法育成。1999

年由福建省农作物品种审定委员会认定为省级品种，福建乌龙茶茶区有栽培。紫红袍的育成是利用并改造珍稀茶树品种资源的成功范例，适宜在乌龙茶区推广种植，编号303。

碧水丹山间，暗黄绿的嫩梢上，紫红色的芽叶透着光，显得十分娇俏。作为大红袍的后代衍生品种，紫红袍的长相喜人，是一个在高产优质之路上行走的乌龙茶新品种。

传说古代的仙人彭祖居住在一山间修行，他饿了以灵芝菌菇为食，渴了就饮溪水。与他一起修行的还有他的两个儿子，一名铿武，一名铿夷。彭祖880岁的时候，上天成仙去了，临走时嘱咐两个儿子要为百姓造福。此后，为了让当地的百姓摆脱自然灾害，铿武和铿夷带领他们开山挖河，并在山上种植百花仙草。这个地方逐渐变成了人间一道美丽的风景。人们为了纪念铿武和铿夷，就各取其名字中的一个字，将此山命名为“武夷山”，他们曾经开凿的河就是后来的九曲溪。紫红袍生长在武夷山星村镇所辖的行政村曹墩与程墩，竹茶相伴、古树丛生。此地位于九曲溪上游，属正岩山场，制茶历史悠久，得天独厚的自然环境与精湛的制茶技艺，使得这里出产的紫红袍品质极佳。

紫红袍制乌龙茶，香气高雅清长，滋味醇厚爽滑，加工品质稳定。紫红袍沿袭了大红袍血统的优越性，春茶茶芽都显紫色，算是武夷岩茶中含花青素最高的一款。花青素的保健功能是众所周知的，被看作是纯天然的“抗衰老补充剂”，因此，女士常饮此茶可保养皮肤。

同时，紫红袍的茶多酚含量高。一般情况下，一片新鲜的绿茶茶叶中茶多酚含量占17%—26%，具有防辐射、降血脂、降血糖、降血压等功效，特别适合经常加班、出差、熬夜等生活不规律者饮用。紫红袍的茶多酚含量则高达35.48%，品质绝无二话。但也由于花青素、茶多酚含量高，紫红袍的制作对茶师技术要求极高，制茶不到位苦感会很明显。不苦不涩显花香的紫红袍，高香，回甘好，属难得妙品。虽说属乌龙茶小品种，不如大红袍、水仙一样

引人注目，但是真正喝起来，却有令人惊艳的味道。

沸水冲泡，茶汤颜色相对较深，水雾氤氲里有熟果子或栀子花的甜香；口感柔滑，佳者回甘发于喉咙，最明显的感受是牙齿间的甜味，真正意义上的“唇齿留香”；观叶底有朦胧的紫色，从诞生到落入杯中，都名副其实。

紫芽迟生：紫牡丹

宋杨万里《紫牡丹二首》曰："岁岁东风二月时，司花辛苦染晴枝。夜输百斛蔷薇水，晓洗千层玉雪肌。寒食清明空过了，姚黄魏紫不曾知。春愁蹙得眉头破，何处如今更有诗。"

"姚黄魏紫"乃牡丹花的两个名贵品种。姚黄为千叶黄花，出于民姚氏家；魏紫为千叶肉紫红花，出于魏相仁溥家。中国是世界牡丹的发祥地和世界牡丹王国。

武夷名丛中，亦有"紫牡丹"。曾名紫观音，无性系、灌木类、中叶类，春茶开采比肉桂早 8 天左右，属中生种，系由福建省农科院茶叶研究所于 1981 年至 1999 年从铁观音的自然杂交后代中选育而成，编号 111，属国家级优良品种。

清代是武夷茶大发展的时代，成功研制出乌龙茶（岩茶）、红茶等。武夷山成为岩茶的发源地。清康熙年间，便开始远销西欧、北美和南洋诸国。与此同时，这些茶品、茶种及其生产制作、栽培技术迅速发展。我国栽培茶树里，芽叶呈紫色的不多。除栽培观赏性茶树外，有意识栽培紫色芽叶茶树的行为更为罕见。如紫牡丹、九龙袍等等。《茶经》云："紫者上，绿者次。"其中，紫是指树种，紫芽种，绿指绿芽种。茶圣陆羽上述所言为茶叶选材的主要标准。

紫牡丹系紫芽迟生种，同时该岩茶是采取变温综合做青工艺生产的，精制后的毛净茶比较耐火，且其水、香、韵通过一定强度的焙火能合理表达出来，形成个性突出的特色产品。1990 年以来，在福建乌龙茶茶区示范种植。

从 20 世纪 70 年代末到 80 年代初，研究者

在武夷岩茶中发现，外来引进茶种经过培育可以产生高产、抗逆性强的优良新品种，而改良后的口感也可以不那么苦涩。于是福建省茶科所就从铁观音自然杂交的后代中选育而成了一种无性系新品种：紫牡丹。

紫牡丹植株较高大，树姿半开张，叶片呈水平状着生。叶形椭圆，叶色深绿，叶面隆起，具光泽，叶缘微波，叶身平，叶尖渐尖，叶齿稍钝浅稀，叶质较厚脆，叶芽紫红色，茸毛少。春茶一芽二叶干样约含氨基酸 2.7%、茶多酚 26.8%、咖啡因 4.1%，制乌龙茶品质优异。该品种育成是利用并改造珍稀茶树品种资源的成功范例，适宜在乌龙茶区推广种植。

紫牡丹条索紧结重实，色泽乌黑褐润，香气馥郁鲜爽，滋味醇厚甘甜，“韵”为显。干茶与其他的岩茶有所不同，稍带有一股蔗香，喉间凉凉的、甜甜的，回甘持久，口感甘甜爽口，花香型岩茶，新手喝是个不错的选择，老茶鬼遇到它就像大叔看见了“小清新”。

武夷岩茶中，能配得上“牡丹”之名，自然是汤、水、香俱佳。富贵而有韵致，高雅宜人，落落大方。

后记

仲春时节，茶芽吐芳，武夷山空气中都弥漫着茶的清香。而今年的武夷茶，人们似乎已将目光移出三坑两涧，更多聚焦在星村燕子窠的生态茶园，茶文化、茶产业、茶科技正引领武夷岩茶新一轮的高质量发展。

武夷岩茶从“茶洞”和彭祖的传说中走来，入唐有“晚甘侯”之称，宋时建州北苑成为贡茶制作中心，元代在武夷四曲溪畔创建皇家焙局“御茶园”，一直到明末清初发明乌龙茶和红茶制作工艺，在世界茶史上留下曾经风靡全球的身影。武夷山上的那些茶树至今都还静静地面朝山泉小溪，背靠植被良好的丹山峡壑，年年春来发芽，就像流淌的九曲水，一任千年的时间从指尖滑过。

在时间长河里，人总是渺小的，但人类利用茶，从药用、食用、饮用，到“斗茶”、品茶、爱茶，栽培选育茶树良种，精心制作炭焙的脚步从未停歇。茶本应就是茶，是人在草木间的和谐美好，武夷茶丰富而复杂的名丛品种，足够我们用一生去感知和体验，而这也正是我撰写这本小书的初心。

由衷感谢曹鹏老师在百忙之中为拙作写序。感谢陈文平、林滨等多位好友的鼓励和敦促，感谢海峡文艺出版社刘小岳兄对全书的精心装帧设计、责编刘含章的辛勤努力。感谢老东家《茶道》杂志社为我提供王婴、乌鸦酱、氓卡、吴一凡、凛风的摄影作品，以及福建融韵通生态科技有限公司提供茶叶品种照片。付梓之际又承蒙中央美术学院刘彦湖教授题签书名。对此我深深地致以谢忱！